建设机械岗位培训教材

# 建设机械岗位
# 普法教育与安全作业常识读本

住房和城乡建设部建筑施工安全标准化技术委员会
中国建设教育协会建设机械职业教育专业委员会　组织编写

王 平　主编

中国建筑工业出版社

图书在版编目（CIP）数据

建设机械岗位普法教育与安全作业常识读本/王平主编. —北京：
中国建筑工业出版社，2015.5
建设机械岗位培训教材
ISBN 978-7-112-18063-9

Ⅰ. ①建… Ⅱ. ①王… Ⅲ. ①建筑法-中国-岗位培训-教材
②建筑机械-安全技术-岗位培训-教材 Ⅳ. ①D922.297②TU6

中国版本图书馆 CIP 数据核字（2015）第 078472 号

本书是建设机械岗位培训教材之一，主要内容包括：建设机械岗位能力、职业道德、常用术语、法规体系、劳动与合同、劳动争议调解仲裁、工作时间与休息休假、劳动保障与社会保险、安全生产、安全防护、机械化施工安全常识、施工现场常见标志标示等。本书既可作为施工作业人员上岗培训教材，也可作为高中职院校相关专业的教材。

责任编辑：朱首明 李 明
责任设计：李志立
责任校对：李欣慰 刘 钰

建设机械岗位培训教材
**建设机械岗位普法教育与安全作业常识读本**
住房和城乡建设部建筑施工安全标准化技术委员会
中国建设教育协会建设机械职业教育专业委员会　组织编写
王 平 主编
*
中国建筑工业出版社出版、发行（北京西郊百万庄）
各地新华书店、建筑书店经销
北京红光制版公司制版
廊坊市海涛印刷有限公司印刷
*
开本：787×1092 毫米 1/16 印张：6¾ 字数：161 千字
2015 年 4 月第一版 2015 年 4 月第一次印刷
定价：**22.00** 元
ISBN 978-7-112-18063-9
（27246）

# 建设机械岗位培训教材编审委员会

长安大学工程机械学院

杭州爱知工程车辆有限公司

捷尔杰（天津）设备有限公司

# 前　言

　　为了在建设机械施工作业岗位培训工作中更好地普及职业道德、法律法规和安全教育，提高从业人员建设类岗位知识基本素养，由住房和城乡建设部建筑施工安全标准化技术委员会联合中国建设教育协会建设机械职业教育专业委员会、中国建筑科学研究院、北京建筑机械化研究院等单位组织编写了本书。本书重点介绍了建筑施工作业岗位的能力要求、职业道德、法规体系和相关知识、安全生产与作业防护、作业场所常见标识表示等方面的常识。

　　本书既可作为施工人员上岗培训使用，也可作为职业院校相关专业的教材，对于普及机械化施工岗位安全作业知识、提高岗位人员职业素养将起到积极作用。

　　全书由中国建筑科学研究院建筑机械化研究分院王平高级工程师主编并统稿，住房和城乡建设部建筑施工安全标准化技术委员会李守林主任委员担任主审。中国建筑科学研究院建筑机械化研究分院尹如法、孟竹、王春琢、鲁卫涛、张淼、刘承桓、孟晓东、安志芳、张磊庆，住房和城乡建设部标准定额研究所张惠锋，河南省标准定额站朱军，海伦哲高空作业机械有限公司蔡雷、王滕、李培启，郑州大博金工程机械技能培训学校禹海军，柳工集团欧维姆公司李军、刘显晖、吴志勇，北华航天工业学院文法系吕雅清，衡水学院法政系常之林，深州公安消防大队李保国，中国建筑装饰协会施工委员会关鹏刚、王庆明、陈春明，武警部队交通指挥部刘振华，施工车辆培训中心林英斌等参加了编写；中国建设教育协会建设机械职业教育专业委员会秘书处王金英负责校对。

　　本书编写过程中得到了中国建设教育协会建设机械职业教育专业委员会和中国建设劳动学会建机分会各会员单位的大力支持，会员单位的多位从事法律与保险服务工作的人士对本书提供了业务指导，在此一并表示感谢。

　　因水平所限，编写中难免有不足之处，欢迎广大读者提出宝贵意见和建议。

# 目　　录

# 第一章  建设机械岗位能力

## 第一节  岗  位  能  力

岗位能力主要是指针对某一行业的某一工作职位的任务要求提出的在职实际操作能力。

岗位能力培训旨在针对新知识、新技术、新技能、新协作等开展培训，提升从业者岗位技能，增强就业能力，探索培训新方法途径，提高职业培训水平，促进就业。

在经过岗位能力培训以后，培训部门会组织培训学员参加岗位能力培训考核，合格者将可以取得岗位培训合格证书和岗位操作证书。该两种证书可在住房和城乡建设部所辖中国建设教育协会建设机械职业教育专业委员会的定点培训机构参加培训并考核通过后获得；该证书是学员通过专业培训后具备完整知识体系和岗位能力的重要证明，是工伤事故及安全事故裁定中证明自身接受过系统培训、掌握基本知识体系和具备岗位能力的重要辅证；同时证明自己符合建设机械国家及行业标准、产品标准和施工工法、操作规程对操作者的基本入职要求。

学员发生事故后，事故调查机构会追溯学员培训记录档案，社会保险机构也将学员知识体系与岗位能力合格、持证上岗作为理赔要件。若岗位机种属安全从业准入类特种岗位，作业人员还必须符合从业准入资格的规定。发生事故后，中国建设教育协会建设机械职业教育专业委员会作为行业自律的第三方发证机关，将依程序向有关机构出具学员能力培训记录和档案情况，作为事故处理和保险理赔的第三方证明材料。因此学员档案的生成、记录的真实性、档案长期保管和可查询显得较为重要。学员上岗后还须自觉接受安全法规、技术标准、设备工法、应急事故自我保护等日常变更内容的学习，以完成知识更新。

国家实行先培训后上岗的就业制度，鼓励劳动者自愿参加职业技能考核鉴定。职业资格和技能等级证书相当于职称证，是一种水平评价证书；一般只针对通用行业的基本工种，由学员自愿报名考取。对通用（非特种设备）工程建设机械，一般只需要通过各建设机械制造商培训中心、售后服务机构、职业院校等中国建设教育协会建设机械职业教育专业委员会的定点培训机构报名，进行系统培训后，考取培训合格证书、施工作业操作证即可入岗工作。经过施工现场实践后，劳动者还可申请参加住建部所辖中国建设劳动学会建设机械分会组织的建设行业职业技能等级考核与水平评定，获取职业技能证书。

## 第二节  知  识  体  系

建设机械施工作业岗位知识体系和教材编写大纲由中国建设教育协会建设机械职业教育专业委员会委托并联合住建部建筑施工安全标准化技术委员会及行业机构共同制订，主要依据有设备手册、使用说明书、技术标准、安全规程、作业工法以及相关法律法规、职业道德、工地作业与自我防护等岗位能力要求等。主要内容有：

    （1）相关法律法规与职业道德；

    （2）设备基本原理与工作常识；

    （3）设备手册与使用说明书；

    （4）相关技术标准、安全规程；

    （5）机械化作业工法与施工流程；

    （6）现场作业安全与防护常识；

    （7）作业过程计算、验算基本知识；

    （8）设备操作主要技术动作要领；

    （9）日常检查、安装拆卸、使用维护与防护要领；

    （10）人机协同/多机联合施工要领；

对于授课教师，在以上知识体系基础上，还应对行业认知、产业知识、职业指导、施工知识、教法研究、题库建设、教务管理、师德操守等提出了要求。

## 第三节　知　识　更　新

建设机械的操作者应及时了解相关岗位知识体系的最新变动内容，熟悉最新的安全生产要求和设备安全作业须知事项，有效防范和避免安全事故。

建设机械施工作业的相关法规和工法、标准规范的修订周期一般为 3～5 年，产品型号技术升级更加频繁，因此，中国建设教育协会建设机械职业教育专业委员会对施工作业人员在持证期内提出了在岗日常学习和不定期继续教育的要求，目的是为了保证持证人员及时掌握设备最新知识和相关标准规范和法律法规的变动情况。

## 第四节　终　身　学　习

终身学习指社会每个成员为适应社会发展和实现个体发展的需要，贯穿于人的一生的、持续的学习过程。终身学习促进职业发展，使职业生涯的可持续性发展、个性化发展、全面发展成为可能。终身学习是一个连续不断的发展过程，只有通过不间断的学习，做好充分的准备，才能从容应对职业生涯中所遇到的各种挑战。

终身学习提倡尊重每个职工的个性和独立选择，每个职工在其职业生涯中随时可以选择最适合自己的学习形式，以便通过自主自发的学习在最高和最真实程度上使职工的个性得到最好的发展。兼顾技术能力升级学习的同时，也要注意职工在文化素质、职业技能、社会意识、职业道德、心理素质等方面的全面发展，采用多样的组织形式，利用一切教育学习资源，为企业职工提供连续不断的学习服务，使所有企业职工都能平等获得学习和全面发展的机会。

## 第五节　从　业　准　入

所谓从业准入，是指根据法律法规有关规定，对从事涉及国家财产、人民生命安全等特种职业和工种的劳动者，须经过政府专门组织的安全培训取得特种从业资格证书后，方可进入特种行业从业。

对属于特种设备和特种作业的岗位机种，学员应在获取岗位能力培训合格证书和施工作业操作证书后，自觉接受政府和用人单位组织的安全教育培训，考取政府部门准入类特种从业资格证书。如，对高处作业等特殊工种，目前仍属于政府强制安全培训的从业资格范围；起重机械等仍属于特种设备和特种作业工种，政府强制组织安全教育培训，考试通过之后为学员发放特种作业资格证书，方可进入施工岗位。

2012 年起，工程建设机械不再列入特种设备目录（塔吊、施工升降机、大吨位行车等少数机种除外）。挖掘机、装载机、钢筋机械等大部分机种的建设机械已不属于特种设备，不涉及特种作业，因此对操作者而言不存在行业准入从业资格问题，即：只要具备岗位知识体系，经过专业培训合格具备岗位能力，符合用工程序，接受了用人单位组织的岗前安全教育，满足建设机械设备手册、工法、规程等对作业者的要求，即可进入施工作业岗位。

# 第二章　职　业　道　德

职业是劳动分工的产物，是指劳动者能足以稳定从事的并赖以生活的工作。在现代社会中，几乎每一个正常的成年人都以一定的职业而过着社会生活，个人的职业劳动体现了该职业的特点和要求。作为建筑业一个合格的从业人员，固然需要掌握一定的专业理论知识，具有高超的操作技能，但理想、道德等精神因素起着更为重要的作用。职业劳动者必须具有职业道德，才能保持高昂的劳动热情，提高劳动生产率。本章通过对建筑业从业人员职业道德规范及其相关内容的梳理，探讨了建筑从业人员应当遵守的职业道德规范。

## 第一节　劳　动　光　荣

2014年"五一"劳动节前夕，中共中央总书记、国家主席习近平指出"劳动光荣、劳动者最美！向劳动和劳动者致敬！劳动是财富的源泉，也是幸福的源泉，人世间的美好梦想，只有通过诚实劳动才能实现；发展中的各种难题，只有通过诚实劳动才能破解；生命里的一切辉煌，只有通过诚实劳动才能铸就"。

一勤天下无难事。必须牢固树立劳动最光荣、劳动最崇高、劳动最伟大、劳动最美丽的观念，让全体人民进一步焕发劳动热情、释放创造潜能，通过劳动创造更加美好的生活。全社会都要贯彻尊重劳动、尊重知识、尊重人才、尊重创造的重大方针，维护和发展劳动者的利益，保障劳动者的权利。要坚持社会公平正义，排除阻碍劳动者参与发展、分享发展成果的障碍，努力让劳动者实现体面劳动、全面发展。实现我们的发展目标，不仅要在物质上强大起来，而且要在精神上强大起来。全国各族人民都要向劳模学习，以劳模为榜样，发挥只争朝夕的奋斗精神，共同投身实现中华民族伟大复兴的宏伟事业。

国家主席习近平在乌鲁木齐接见劳动模范和先进工作者、先进人物代表时更是强调："劳动是一切成功的必经之路。我们要在全社会大力弘扬劳动光荣、知识崇高、人才宝贵、创造伟大的时代新风，促使全体社会成员弘扬劳动精神，推动全社会热爱劳动、投身劳动、爱岗敬业，为改革开放和社会主义现代化建设贡献智慧和力量。特别是要通过各种措施和方式，教育引导广大青少年牢固树立热爱劳动的思想、牢固养成热爱劳动的习惯，为祖国发展培养一代又一代勤于劳动、善于劳动的高素质劳动者。无疑，劳动是创造辉煌的源泉，是托起梦想的动力。劳动光荣更是永恒的时代主旋律。"

高尔基等国际知名的教育家无不对人类的劳动予以高度赞美，其留给后人的哲理名言仍对我们具有深刻的启迪作用。劳动最美，劳动者最美！

一切人类的劳动都是有尊严有价值的，应予勤勉称赞。——马丁·路德·金

完善的新人应该是在劳动之中和为了劳动而培养起来的。——欧文

埋没在底层的劳动者才真正值得敬重，一辈子辛勤奔忙，不求声誉，只有一种思想给他鼓动，为家庭和社会公众利益而劳动。——克雷洛夫

劳动是世界上一切欢乐和一切美好事情的源泉。——高尔基

# 第二节 职 业 教 育

## 一、职业教育的概念与意义

职业教育是指让受教育者获得某种职业或生产劳动所需要的职业知识、技能和职业道德的教育，因此职业教育亦称职业技术教育。如对职工的就业前培训、对下岗职工的再就业培训等各种职业培训以及各种职业院校教育等都属于职业教育。

职业教育的目的是培养应用人才和具有一定文化水平和专业知识技能的劳动者，与普通教育和成人教育相比较，职业教育侧重于实践技能和实际工作能力的培养。职业教育是社会发展的产物，是人类文明发展的产物，也可以说是人自身发展的产物。而且是发展到某个特殊时期的产物。职业教育受益于社会，社会也可受益于职业教育，促进社会发展是职业教育的应有之义和神圣职责。

自"十一五"规划纲要实施以来，在中央和各地的关注推动下，我国职业教育体系不断完善，办学模式不断创新。招生规模和毕业生就业率再上新台阶，驶上了发展"快车道"。2012 年 6 月 11 日，国务院新闻办公室发布《国家人权行动计划（2012—2015 年)》，期间我国将大力发展职业教育，保持中等职业教育和普通高中招生规模大体相当，扶持建设紧贴产业需求、校企深度融合的专业，建设既有基础理论知识和教学能力，又有实践经验和技能的师资队伍，逐步实行免费中等职业教育。中国正在举办世界上规模最大的职业教育，2008 年职业院校的招生规模总数已经达到 1100 万人，在校学生总数已超过 3000 万人。中等职业教育和高等职业教育分别占据了高中阶段和高等教育的一半。

发展职业教育具有重要意义。首先，发展职业教育有助于提高劳动者素质。提高劳动者素质，主要是依靠教育。多年以来，中国职业教育曾为社会培养了许多有理想、有道德、有知识和有职业技能的高素质劳动者，改善了中国劳动力队伍的素质结构、知识结构和技能结构，为各行各业的发展起到积极作用，促进了劳动就业和社会稳定。许多行业在总结改革开放以来取得的成就时，都对职业教育为行业培养的高素质劳动者予以肯定。第二，发展职业教育有助于提高劳动者素质，促进就业率提升。中国人口众多，就业压力较大，全面提高国民素质，提高就业率及从业质量，把中国沉重的人口压力转变为人力资源，这不仅需要政府主管部门高度重视发展职业教育，同时也要求每一个就业者在解决个人温饱的同时，都应当更多地在加强自身职业教育和职业培训、提高个人技能及综合素质，帮助从业企业更大发展方面做出努力，这不仅促进了企业的进步，也提升了个人的就业质量和生活水平。通过这样的教育形式，不仅为国家、为行业、为企业培养了实用性、技能型人才，提高了劳动者的综合素质，也解决了这部分人员的就业这一社会性问题。第三，发展职业教育有助于为新型工业化道路提供高素质的劳动者。国家的发展、进步离不开高素质的劳动者，离不开适应社会主义现代化建设需要的高素质建设者和专门人才，而保持和提高劳动者的整体素质，教育是根本保证，其中职业教育为大多数群体提供了接受教育保障乃至就业保障，为国力增强、国家强大提供了更多、更丰富的人才，做出了应有的贡献。基于这样的重要性，全社会都应该给予职业教育以足够的重视。

## 二、教师的责任使命

职业道德包含的范围很广，就职业道德而言，包括内在品质修养和外在行为修养两方面。内在品质修养，如公正、爱生、以身作则、献身教育事业、热爱科学、追求真理等；外部行为修养，如待人处事的态度与涵养，包括稳重、沉着、外表端庄、语言规范等。无论哪种职业，有一种共通的基本职业道德，即责任心。

责任心是从业道德的基础。只有意识到自己肩负的教育重任，才会在各方面对自己做出更高要求，比如注意外表与言行、处处以身作则、热爱本职工作、愿意献身、勤奋好学、追求上进。强烈的责任心，使对待工作更用心，具有强烈责任心的教师才能细心关注学生的成长与烦恼。

教师肩负着为祖国的建设与发展培养人才的历史使命。"师者，所以传道、授业、解惑也。"教师的具体工作在于"传道、授业、解惑"，也就是说教师要通过自身的教学实践，给学生传授知识，培养学生的实践能力，使学生懂得各种事理。这就要求教师应该开拓学生的知识视野，丰富学生的知识储备，并在此基础上，培养学生运用知识解决实际问题的能力。

# 第三节　职业道德基本知识

职业道德是人们在从事正当职业并履行其职责的过程中应该遵循的行为规范和道德准则。它是职业或行业范围的特殊的道德要求，是社会道德在职业生活中的具体体现。

职业道德是随着社会职业的出现而产生的。在社会生活中，长期从事某种特定职业的人们，由于有着共同的劳动方式，并经过共同的职业训练，因而往往具有共同的职业兴趣、爱好、习惯，结成特殊的关系，形成特殊的职业责任和职业纪律，从而产生特殊的行为规范和道德要求。同时，由于他们从事着共同的职业活动，对社会承担着共同的义务，因而通常具有共同的道德理想、道德信念及用以评价行为的道德标准，于是便形成了各种不同的职业道德。

遵守职业道德，就是要承担职业责任，履行职业义务，严肃职业纪律，体现职业风范。最基本的职业道德要素包括理想、职业态度、职业义务、职业纪律、职业良心、职业荣誉、职业作风。

我国传统职业道德精华有：精忠为国的社会责任感；恪尽职守的敬业精神；自强不息，勇于革新的拼搏精神；以礼待人的和谐精神；诚实守信的基本要求；见利思义、以义取利的价值取向。

职业道德的社会功能有三：（1）有利于调整职业利益关心，维护社会生产和生活秩序；（2）有利于提高人们的社会道德水平，促进良好社会风尚的形成；（3）有利于完善人格，促进人的全面发展。

社会主义职业道德的核心是"为人民服务"，主体部分分为三个层次，最高层次是社会主义职业道德的核心——为人民服务，第二层次是各行各业都应当遵守的基本规范，第三层次是各行各业自己的具体职业规范。加强职业道德修养具有重要意义。一是有利于职业生涯的发展；二是加强职业道德修养有利于职业境界的提高；三是加强职业道德修养有利于个人成长、成才。

# 第四节　建筑从业人员职业道德

## 一、施工现场作业人员职业道德规范

**1. 苦练硬功，扎实工作**

刻苦钻研技术，熟练掌握本工种的基本技能，努力学习和运用先进的施工方法，练就过硬本领，立志岗位成才。热爱本职工作，不怕苦、不怕累，认认真真，精心操作。

**2. 精心施工，确保质量**

严格按照设计图纸和技术规范操作，坚持自检、互检、交接检查制度，确保工程质量。

**3. 安全生产，文明施工**

树立安全生产意识，严格执行安全操作规程，杜绝一切违章作业现象，维护施工现场整洁，不乱倒垃圾。

**4. 遵章守纪，维护公德**

争做文明职工，不断提高文化素质和道德修养，遵守各项规章制度，发扬劳动者主人翁精神，维护国家利益和集体荣誉，服从上级领导和有关部门的管理，争做文明职工。

## 二、工程技术人员职业道德规范

**1. 热爱科技，献身事业**

树立"科技是第一生产力"的观念，敬业爱岗，勤奋钻研，追求新知，掌握新技术、新工艺，不断更新业务知识，拓宽视野。忠于职守，辛勤劳动，为企业的振兴与发展贡献自己的才智。

**2. 深入实际，勇于攻关**

深入基层，深入现场，理论和实际相结合，科研和生产相结合，把施工生产中的难点作为工作重点，知难而上，百折不挠，不断解决施工生产中的技术难题，提高生产效率和经济效益。

**3. 一丝不苟，精益求精**

牢固确立精心工作、求实认真的工作作风。施工中严格执行建筑技术规范，认真编制施工组织设计，做到技术上精益求精，工程质量上一丝不苟，为用户提供合格建筑产品。积极推广和运有新技术、新工艺、新材料、新设备，大力发展建筑高科技，不断提高建筑科学技术水平。

**4. 以身作则，培育新人**

谦虚谨慎，尊重他人，善于合作共事，搞好团结协作，既当好科学技术带头人，又甘当铺路石，培育科技事业的接班人，大力做好施工科技知识在职工中的普及工作。

**5. 严谨求实，坚持真理**

培养严谨求实，坚持真理的优良品德。在参与可行性研究时，坚持真理，实事求是，协助领导进行科学决策；在参与投标时，从企业实际出发，以合理造价和合理工期进行投标；在施工中，严格执行施工程序、技术规范、操作规程和服量安全标准，决不弄虚作假，欺上瞒下。

## 三、管理人员职业道德规范

**1. 遵纪守法，为人表率**

认真学习党的路线、方针、政策，自觉遵守法律、法规和企业的规章制度，办事公道，用语文明，以威相待。

**2. 钻研业务，爱岗敬业**

努力学习业务知识，精通本职业务，不断提高业务素质和工作能力。爱岗敬业，忠于职守，工作认真负责，不断提高工作效率和工作能力。

**3. 深入现场，服务基层**

深入施工现场，调查研究，掌握第一手资料，积极主动为基层单位服务，为工程项目服务，急基层单位和工程项目之所急 。

**4. 团结协作，互相结合**

树立全局观念和整体意识，部门之间、岗位之间做到分工不分家，搞好团结协作，遇事多商量 、多通气，互相配合，互相支持，不推诿、不扯皮，不搞本位主义。

**5. 廉洁奉公，不谋私利**

树立全心全意为人民服务的公仆意识，廉洁奉公，不利用工作和职务之便吃拿卡要，谋取私利。

# 第三章  常  用  术  语

掌握法律基础知识是建筑工人深入了解劳动保障与安全生产法律法规常识的前提。本节对法的概念与特征、权利与义务、法律关系、法律行为、法律事实、法律责任等法律基础知识进行了梳理，明确了法律的本质、作用以及法律对个人产生影响的机理，奠定了建筑工人深度解读与其自身利益密切相关的劳动保障与安全生产法律法规的基础。

## 第一节  法的概念与作用

### 一、法的概念

法是国家制定、认可并由国家保障实施的，反映由特定物质生活条件决定的统治阶级（或人民）意志，以权利义务为基础，以确认、保护和发展统治阶级（或人民）所期望的社会关系和社会秩序为目的的行为规范体系。

### 二、法的作用

一是法的规范作用。具体包括法的告示作用、指引作用、评价作用、预测作用、教育作用、强制作用，即法制裁违法行为，增强法的权威性，保护人们的正当权利，增强人们的安全感。

二是法的社会作用。法律在执行社会公共事务上的作用具体表现在维护人类社会的基本生活条件、维护生产和交换条件、促进公共设施建设、确认和执行技术规范、促进教育、科学和文化事业等各个方面。

## 第二节  法律行为、法律关系与法律事实

### 一、法律行为的概念与构成要件

法律行为是指人们所实施的、能够发生法律效力、产生法律后果的行为。法律行为的内在方面包括三个方面的内容：

（1）动机，即直接推动行为人去行动以达到一定目的的内在动力和动因；

（2）目的，即人们通过实施行为以达到一定结果的主观意图；

（3）认知能力，即人们对自己行为的法律意义和后果的认识能力。

法律行为的外在方面也包括三个方面的内容：

（1）行为，即人们通过身体或语言或意志表现与外在的举动；

（2）手段，即认为为实现预设的目的而实施一定行为所采取的各种方式方法；

（3）结果，即人们通过实施行为所引起的社会影响。

## 二、法律关系的概念与内容

法律关系是指法所构建调整的，以权利义务为内容的社会关系。法律关系通常由主体、内容与客体三要素组成。法律关系是由法律调整的社会关系，以权利义务为内容，由国家强制力保障。

法律关系主体是指法律关系的参加者，即在法律关系中享有权利或承担义务的人，法律上所称的"人"主要包括自然人和法人。

法律关系客体是指权利和义务所指向的对象，又称权利客体、义务客体。它是将法律关系主体之间的权利与义务联系在一起的中介，没有法律关系的客体作为中介，就不可能形成法律关系。

法律关系的内容是指法律关系主体所享有的权利和承担的义务，即法律权利和义务。

## 三、法律事实的概念与分类

法律事实是指法律规范所规定的、能够引起法律关系产生、变更和消灭的情况或现象。法律事实是一种规范性事实。它是法律规范社会的产物，没有法律就不会有法律事实，所以法律事实这一概念在一定程度上体现了法律规范所设计的事实模型。法律事实还是一种能用证据证明的事实。这意味着法律事实不仅是客观事实，而且它还应是能用证据证明的客观事实。许多事实也许是客观存在的，但由于事过境迁拿不出证据证明，对这样的事实就不能认定为法律事实（法律明确规定可以推定的除外）。法律事实更是一种具有法律意义的事实。如果事实没有对法律产生任何影响就不能称为法律事实。

法律事实依是否以人们意志为转移，可分为法律事件与法律行为。所谓法律事件是指法律规范规定的，不以人们的意志为转移而引起法律关系产生、变更、消灭的客观情况或现象。所谓法律行为指的是与当事人意志有关，能够引起法律关系产生、变更或消灭的作为和不作为。行为一旦作出，也是一种事实，它与事件的不同之处存于当事人的主观因素成为引发此种事实的原因，因此，当事人既无故意又无过失，而是由于不可抗力或不可预见的原因而引起的某种法律后果的活动，在法律上不被视为行为，而被归入意外事件。法律上所说的行为，仅指与当事人意志有关且能够引起法律关系后果的那些行为。

# 第三节　法律权利、义务与法律责任

## 一、权利和义务的概念与关系

权利和义务是法学的核心范畴，是从法律规范到法律关系再到法律责任的逻辑关系的各个环节的构成要素。所谓法律权利是指规定或隐含在法律规范中，实现于法律关系中，主体以相对自由的作为或不作为方式获得利益的一种手段。法律义务是指规定或隐含在法律规范中，实现于法律关系中，主体以相对抑制的作为或不作为方式保障权利主体获得利益的一种约束手段。

权利和义务是对立统一的关系。对立体现在一个表征利益，一个表征负担；一个是主动，一个是受动。权利和义务是法这一现象两个分离的、相反的成分和因素，是两个相互排斥的对立面。统一体现在相互依存、相互贯通。权利和义务不可能孤立的存在和发展，一方的存在和发展以另一方的存在和发展为条件。权利和义务相互渗透、相互包含，并在一定条件下相互转化。

## 二、法律责任的概念、认定与归责

法律责任是指因违反了法定义务或契约义务，或不当行使法律权利、权力所产生的，由行为人承担的不利后果。法律责任是由特定法律事实所引起的对损害予以补偿、强制履行或接受惩罚的特殊义务，亦由于违反第一性义务而引起的第二性义务。根据违法行为所违反的法律的性质，可以把法律责任分为民事责任、刑事责任、行政责任与违宪责任和国家赔偿责任。根据主观过错在法律责任中的地位，可以把法律分为过错责任，无过错责任和公平责任。根据行为主体的名义，分为职务责任和个人责任。根据责任承担的内容可以分为财产责任和非财产责任。

法律责任的认定是指对因违法、违约或法律规定的事由而引起的法律责任，进行判断、认定、追究、归结以及减缓和免除的活动。归责即法律责任的归结，是指由特定国家机关或国家授权的机关依法对行为人的法律责任进行判断和确认。责任是归责的结果，但归责并不必然导致责任的产生。不同的法律责任具有不同的责任构成要件。责任的成立与否，取决于行为人的行为及其后果是否符合相应的责任构成要件。

归责原则体现了立法者的价值取向，是责任立法的指导方针，也是指导法律适用的基本准则。归责一般必须遵循以下法律原则：第一，责任法定原则。第二，因果联系原则。第三，责任相称原则。第四，责任自负原则。

# 第四节  工程标准化术语

## 一、标准、规范、规程

在工程建设领域，标准、规范、规程是出现频率最多的，也是施工作业基层人员感到最难理解的三个基本术语。

标准作为标准化的核心，其定义和解释也经历了一个较长的发展时期。目前，我国对标准概念的定义和解释，以1996年修订的国家标准《标准化和有关领域的通用术语》第一部分：《基本术语》（GB3935.1）给出的标准定义为准，即："为在一定的范围内获得最佳秩序，对活动或其结果规定共同的和重复使用的规则、导则或特性的文件，该文件经协商一致制定并经一个公认机构批准，以科学、技术和实践经验的综合成果为基础，以促进最佳社会效益为目的"。按照标准化对象，通常把标准分为技术标准、管理标准和工作标准三大类。

技术标准是指对标准化领域中需要协调统一的技术事项所制定的标准。技术标准包括基础技术标准、产品标准、工艺标准、检测试验方法标准，及安全、卫生、环保标准等。其中产品标准是指对产品结构、规格、质量和检验方法所做的技术规定，它是一定时期和一定范围内具有约束力的产品技术准则，是产品生产、质量检验、选购验收、使用维护和洽谈贸易的技术依据。

在我国针对产品而制定的技术规范有国家标准、行业标准、地方标准和企业标准四种。

管理标准是指对标准化领域中需要协调统一的管理事项所制定的标准。管理标准包括管理基础标准，技术管理标准，经济管理标准，行政管理标准，生产经营管理标准等。工作标准是指对工作的责任、权利、范围、质量要求、程序、效果、检查方法、考核办法所制定的标准。工作标准一般包括部门工作标准和岗位（个人）工作标准。

按照《标准化和有关领域的通用术语 第一部分：基本术语》（GB3935.1）的规定，规范一般是在工农业生产和工程建设中，对设计、施工、制造、检验等技术事项所做的一系列规定；规程是对作业、安装、鉴定、安全、管理等技术要求和实施程序所做的统一规定。

标准、规范、规程都是标准的一种表现形式，习惯上统称为标准，只有针对具体对象才加以区别。

当针对产品、方法、符号、概念等基础标准时，一般采用"标准"，如《土工试验方法标准》、《生活饮用水卫生标准》、《道路工程标准》、《建筑抗震鉴定标准》等；

当针对工程勘察、规划、设计、施工等通用的技术事项做出规定时，一般采用"规范"，如：《混凝土设计规范》、《建设设计防火规范》、《住宅建筑设计规范》、《砌体工程施工及验收规范》、《屋面工程技术规范》等；

当针对操作、工艺、管理等专用技术要求时，一般采用"规程"，如：《钢筋气压焊接规程》、《建筑安装工程工艺及操作规程》、《建筑机械使用安全操作规程》等。

在我国工程建设标准化工作中，由于各主管部门在使用这三个术语时掌握的尺度、习惯不同，使用的随意性比较大，这是造成人们最难理解这三个术语的根本原因。随着我国加入世界贸易组织和与国际惯例的逐步接轨，标准、规范、规程在使用上都逐步在发生着变化。例如：近年来，我国卫生部门把一些涉及技术规定的、具有一定强制性约束力的规范性文件，统一冠名为"技术规范"或"规范"，以区别与自愿使用或推荐性的标准等。工程建设标准化工作中，目前尚没有要求进一步规范这三个术语的使用。

## 二、施工工法

施工工法是指以工程为对象、工艺为核心，运用系统工程的原理，把先进技术和科学管理结合起来，经过工程实践形成的综合配套的方法。工法是企业标准的重要组成部分，是企业开发应用新技术工作的一项重要内容，是企业技术水平和施工能力的重要标志。它必须具有先进、适用和保证工程质量与安全、提高施工效率、降低工程成本等特点。

工法的内容一般应包括：特点、适用范围、工艺原理、工艺流程及操作要点、材料、机具设备、劳动组织及安全、质量要求、效益分析、应用实例。

工法的审定工作按工法等级分别由企业和相应主管部门组织进行。

## 三、作业指导书

作业指导书（Working Instruction）是指为保证过程的质量而制订的程序。是作业指导者对作业者进行标准作业的正确指导的基准，是随着作业的流程顺序，对作业内容、人员和设备机具配置、安全风险控制、品质服务、检查复核的要点进行明示；作业者按照指导书进行作业，能够确实、快速、安全地完成作业。定义中的"过程"可理解为一组相关的具体作业活动（如：安装、电气调试、装配、完成某项培训等）。

常用的作业指导书应包含以下内容：编制目的、编制依据、适用范围、作业前的准备工作、作业方案、技术要求及措施、人员组织要求、安全质量保证措施、环境保护措施等。

作业指导书也是一种程序文件，其针对的对象是具体的作业活动，而程序文件描述的对象是某项系统性的质量活动。作业指导书有时也称为工作指导令或操作规范、操作规程、工作指引等。

作业指导书的作用有二：指导保证过程质量的最基础的文件和为开展纯技术性质量活动提供指导，同时也是质量体系程序文件的支持性文件。按内容可分为：

（1）用于施工、操作、检验、安装等具体过程的作业指导书；

（2）用于指导具体管理工作的各种工作细则、导则、计划和规章制度等；

（3）用于指导自动化程度高而操作相对独立的标准操作规范。

## 四、工程质量与工作质量

工程质量分为狭义和广义两种含义。狭义的工程质量是指工程符合业主需要而具备的使用功能。这一概念强调的是工程的实体质量，如基础是否坚固、主体结构是否安全以及通风、采光是否合理等。广义的工程质量不仅包括工程的实体质量，还包括形成实体质量的工作质量。

工作质量是指参与工程的建设者，为了保证工程实体质量所从事工作的水平和完善程度，包括社会工作质量，如社会调查、市场预测、质量回访和保修服务等；生产过程工作质量，如管理工作质量、技术工作质量和后勤工作质量等。工作质量直接决定了实体质量，工程实体质量的好坏是决策、建设工程勘察、设计、施工等单位各方面、各环节工作质量的综合反映。

因此，我们须从广义上理解工程质量的概念，而不能仅仅把认识停留在工程的实体质量上。过去对工程质量的管理通常是一种事后的行为，楼倒人伤才想起应该追究有关方面的工程质量责任，这时即使对责任主体依法惩处，也无法挽回已经造成的损失。但如果在工程质量形成过程中就对参建单位的建设活动进行规范化管理，就可以将工程质量隐患消灭在萌芽状态，这样虽然看上去加大了工作量，但却可以有效地解决工程质量问题。

与一般的产品质量相比较，工程质量具有如下一些特点：

（1）影响因素多，质量变动大。

决策、设计、材料、机械、环境、施工工艺、管理制度以及参建人员素质等均直接或间接地影响工程质量。工程项目建设不像一般工业产品的生产那样，在固定的生产流水线，有规范化的生产工艺和完善的检测技术，有成套的生产设备和稳定的生产环境，因此它具有受影响因素多、质量波动较大的特点。

（2）隐蔽性强，终检局限性大。发现其存在的质量问题，事后表面上质量尽管很好，但这时可能混凝土已经失去了强度，钢筋已经被锈蚀得完全失去了作用，诸如此类的工程质量问题在终检时是很难通过肉眼判断出来的，有时即使用上检测工具，也不一定能发现问题。

（3）对社会环境影响大。与工程规划、设计、施工质量的好坏有密切联系的不仅仅是使用者，而是整个社会。工程质量不仅直接影响人民群众的生产生活，而且还影响着社会可持续发展的环境，特别是有关绿化、环保和噪声等方面的问题。

# 第四章 法 规 体 系

随着我国建筑机械化施工技术的不断发展，钢筋加工与预应力机械被广泛应用到建筑工程和市政工程中，为实现高效、安全、环保、绿色、文明施工等作出了巨大贡献。施工作业机械若操作不当，将引发危险，直接关系到作业人员生命和设备财产安全。

近几年，国家在该领域加强顶层设计，相继出台相关法律法规，基本上建立了一整套包括法律、法规、规章、安全技术规范和标准在内的管控体系，初步形成了"人大法律——行政法规——行政规章——安全规范——工法标准于作业规程"五个层次的法规体系结构，对防止安全事故起到了重要作用。

我国现有法律法规中涉及安全生产与施工作业的部分法律法规有：《安全生产法》、《建筑法》、《劳动法》、《产品质量法》、《特种设备安全法》、《节约能源法》等。

以上，《建筑法》和《安全生产法》是构建建设工程安全生产法规体系的两大基础。

## 第一节 建 筑 法

《建筑法》经 1997 年 11 月 1 日第八届全国人大常委会第 28 次会议通过；2011 年对建筑法进行了相应修改，并重新公布，自 2011 年 7 月 1 日起施行。

《建筑法》是我国第一部规范建筑活动的部门法律，通篇贯穿了质量安全问题，具有很强的针对性，对影响建筑工程质量和安全的各方面因素作了较为全面的规范，它的颁布施行强化了建筑工程质量和安全的法律保障。

（1）《建筑法》确立了安全生产责任制度。安全生产责任制度是建筑生产中最基本的安全管理制度，是所有安全规章制度的核心。安全生产责任制度是指将各种不同的安全责任落实到负责有安全管理责任的人员和具体岗位人员身上的一种制度。这一制度是"安全第一，预防为主"方针的具体体现，是建筑安全生产管理的基本制度。

（2）《建筑法》确立了群防群治制度。群防群治制度是职工群众进行预防和治理安全的一种制度。这一制度也是"安全第一、预防为主"的具体体现，同时也是群众路线在安全工作中的具体体现，是企业进行民主管理的重要内容，要求建筑企业职工在施工中遵守有关生产的法律、法规的规定和建筑行业安全规章、规程，不得违章作业，同时对于危及生命安全和身体健康的行为有权提出批评、检举和控告。

（3）《建筑法》确立了安全生产教育培训制度。安全生产教育培训制度是对广大建筑干部职工进行安全教育培训，提高安全意识，增加安全知识和技能的制度。安全生产，人人有责，只有通过对广大职工进行安全教育、培训，才能使广大职工真正认识到安全生产的重要性、必要性，使广大职工掌握更多更有效的安全生产的科学技术知识，牢固树立安全第一的思想，自觉遵守各项安全生产和规章制度。

（4）《建筑法》确立了安全生产检查制度。安全生产检查制度是上级管理部门或建筑施工企业，对安全生产状况进行定期或不定期检查的制度。通过检查可以发现问题，查出隐患，从而采取有效措施，堵塞漏洞，把事故消灭在发生之前，做到防患于未然，是"预防为主"的具体体现。通过检查，还可总结出好的经验加以推广，为进一步搞好安全工作打下基础。

（5）《建筑法》确立了伤亡事故处理报告制度。施工中发生事故时，建筑企业应当采取紧急措施减少人员伤亡和事故损失，并按照国家有关规定及时向有关部门报告。事故处理必须遵循一定的程序，做到"四不放过"（事故原因未查清不放过，职工和事故责任人受不到教育不放过，事故隐患不整改不放过，事故责任人不处理不放过）。通过对事故的严格处理，可以总结出经验教训，为制定规程、规章提供第一手素材，指导今后的施工。

（6）《建筑法》还确立了安全责任追究制度。规定建设单位、设计单位、施工单位、监理单位，由于没有履行职责造成人员伤亡和事故损失的，视情节给予相应处理，情节严重的，责令停业整顿，降低资质等级或吊销资质证书，构成犯罪的，依法追究刑事责任。

# 第二节　安　全　生　产　法

《安全生产法》是安全生产领域的综合性基本法，它是我国第一部全面规范安全生产的专门法律，是我国安全生产法律体系的主体法，是各类生产经营单位及其从业人员实现安全生产所必须遵循的行为准则，是各级人民政府及其有关部门进行监督管理和行政执法的法律依据，是制裁各种安全生产违法犯罪的有力武器。

《安全生产法》于 2002 年 6 月 29 日全国人民代表大会常务委员会第 28 次会议通过，自 2002 年 11 月 1 日起施行。2014 年进行了修改。

《安全生产法》中与建设工程安全作业人员及责任密切相关的规定主要包括：

（1）《安全生产法》中提供了四种监督途径，即工会民主监督、社会舆论监督、公众举报监督和社区服务监督。通过这些监督途径，使许多安全隐患及时得以发现，也将使许多安全管理工作中的不足得以改善。

（2）《安全生产法》中明确了生产经营单位必须做好安全生产的保证工作，既要在安全生产条件上、技术上符合生产经营的要求，也要在组织管理上建立健全安全生产责任并进行有效落实。

（3）《安全生产法》不仅明确了从业人员为保证安全生产所应尽的义务，也明确了从业人员进行安全生产所享有的权利。在正面强调从业人员应该为安全生产尽职尽责的同时，赋予从业人员的权利，也从另一方面有效保障了安全生产管理工作的有效开展。

（4）《安全生产法》明确规定了生产经营单位负责人的安全生产责任，因为一切安全管理，归根到底是对人的管理，只有生产经营单位的负责人真正认识到安全管理的重要性并认真落实安全管理的各项工作，安全管理工作才有可能真正有效进行。

（5）违法必究是我国法律的基本原则，在《安全生产法》中明确了对违法单位和个人的法律责任追究制度。生产安全事故，特别是重特大生产安全事故往往具有突发性、紧迫性，如果事先没有做好充分准备工作，很难在短时间内组织有效的抢救，防止事故的扩大，减少人员伤亡和财产损失。

（6）《安全生产法》明确了要建立事故应急救援制度，制定应急救援预案，形成应急救援预案体系。

## 第三节　劳　动　法

《劳动法》于 1994 年八届全国人民代表大会常务委员会第 8 次会议通过，自 1995 年 1 月 1 日起施行。2009 年 8 月第十一届全国人民代表大会常务委员会对该法部分条款进行了修订。

《劳动法》作为维护人权、体现人本关怀的一项基本法律，在西方甚至被称为第二宪法。劳动法在完成劳动人格、保护劳动者的合法权益、协调稳定劳动关系等方面有着重要作用。劳动法维护了劳动者的合法权益。

（1）劳动法确认了劳动者所应享有的各项基本权利，如劳动权、劳动报酬权、劳动保护权、休息权、获得物质帮助权、民主管理权等，并为这些权利的实现提供了切实的物质保障。劳动法对妇女、未成年人等特殊劳动者的权益保护规定了特别的措施。通过最低工资制、劳动条件的最低标准等规定，为劳动者的生产作业、技能培训和生活提供了最低保障。

（2）劳动法规定了劳动者的自由择业权利和用人单位的自主用人权，使劳动者和生产资料的最优化组合成为可能，并规定了劳动合同制度，平等地保护劳动者和用人单位的合法权益，保持劳动关系的相对稳定。集体合同和集体谈判制度，为劳动者通过谈判交涉机制争取更优越的劳动条件提供了法律保障。劳动争议处理制度和劳动监察制度，为协调稳定劳动关系和社会经济的平稳发展创造了条件。

（3）劳动法对社会的安定团结起着重要作用。劳动法通过促进就业、举办社会保障事业、处理劳动争议以及其他方面的机制，维护社会正常生产、生活秩序。

劳动法中与建设工程安全生产密切相关的规定主要包括：

（1）劳动安全卫生设施必须符合国家规定的标准。

（2）新建、改建、扩建工程的劳动安全卫生设施必须与主体工程同时设计、同时施工、同时投入生产和使用。

（3）用人单位必须为劳动者提供符合国家规定的劳动安全卫生条件和必要的劳动防护用品，对从事有职业危害作业的劳动者应当定期进行健康检查。

（4）从事特种作业的劳动者必须经过专门培训合格并取得特种作业资格。

（5）劳动者在劳动过程中必须严格遵守安全操作规程。

（6）劳动者对用人单位管理人员违章指挥、强令冒险作业，有权拒绝执行。

（7）对危害生命安全和身体健康的行为，有权提出批评、检举和控告。

（8）国家建立伤亡事故和职业病统计报告和处理制度。

（9）县级以上各级人民政府劳动行政部门、有关部门和用人单位应当依法对劳动者在劳动过程中发生的伤亡事故和劳动者的职业病状况，进行统计、报告和处理。

## 第四节　劳动合同法及其实施条例

《劳动合同法》是为了完善劳动合同制度，明确劳动合同双方当事人的权利和义务，保护劳动者的合法权益，构建和发展和谐稳定的劳动关系，制定本法。2007 年 6 月 29 日通过，2008 年 1 月 1 日起施行。新法共分 8 章 98 条，包括：总则、劳动合同的订立、劳动合同的履行和变更、劳动合同的解除和终止、特别规定、监督检查、法律责任和附则。

《劳动合同法实施条例》经 2008 年 9 月 3 日中华人民共和国国务院第 25 次常务会议通过，2008 年 9 月 18 日中华人民共和国国务院令第 535 号公布。该《条例》分总则、劳动合同的订立、劳动合同的解除和终止、劳务派遣特别规定、法律责任、附则 6 章 38 条，自公布之日起施行。

《劳动合同法》是规范劳动关系的一部重要法律。劳动合同在明确劳动合同双方当事人的权利和义务的前提下，重在对劳动者合法权益的保护，被誉为劳动者的"保护伞"，为构建与发展和谐稳定的劳动关系提供法律保障。作为我国劳动保障法制建设进程中的一个重要里程碑，劳动合同法的颁布实施有着深远的意义。

《劳动合同法实施条例》中与作业人员利益直接相关的部分规定如下：

（1）劳务派遣单位不得以非全日制用工形式招用被派遣劳动者。

（2）用人单位自用工之日起即与劳动者建立劳动关系。

（3）进一步细化了职工名册的内容，规定应当包括劳动者姓名、性别、公民身份号码、户籍地址及现住址、联系方式、用工形式、用工起始时间、劳动合同期限等内容。

（4）十四种情形用人单位可解除无固定期限劳动合同；用人单位违法解除或终止合同支付赔偿金后不再支付经济补偿，这十四种情形是：（一）用人单位与劳动者协商一致的；（二）劳动者在试用期间被证明不符合录用条件的；（三）劳动者严重违反用人单位的规章制度的；（四）劳动者严重失职，营私舞弊，给用人单位造成重大损害的；（五）劳动者同时与其他用人单位建立劳动关系，对完成本单位的工作任务造成严重影响，或者经用人单位提出，拒不改正的；（六）劳动者以欺诈、胁迫的手段或者乘人之危，使用人单位在违背真实意思的情况下订立或者变更劳动合同的；（七）劳动者被依法追究刑事责任的；（八）劳动者患病或者非因工负伤，在规定的医疗期满后不能从事原工作，也不能从事由用人单位另行安排的工作的；（九）劳动者不能胜任工作，经过培训或者调整工作岗位，仍不能胜任工作的；（十）劳动合同订立时所依据的客观情况发生重大变化，致使劳动合同无法履行，经用人单位与劳动者协商，未能就变更劳动合同内容达成协议的；（十一）用人单位依照企业破产法规定进行重整的；（十二）用人单位生产经营发生严重困难的；（十三）企业转产、重大技术革新或者经营方式调整，经变更劳动合同后，仍需裁减人员的；（十四）其他因劳动合同订立时所依据的客观经济情况发生重大变化，致使劳动合同无法履行的。

（5）第七十四条 县级以上地方人民政府劳动行政部门依法对下列实施劳动合同制度的情况进行监督检查：

（一）用人单位制定直接涉及劳动者切身利益的规章制度及其执行的情况；

（二）用人单位与劳动者订立和解除劳动合同的情况；

（三）劳务派遣单位和用工单位遵守劳务派遣有关规定的情况；

（四）用人单位遵守国家关于劳动者工作时间和休息休假规定的情况；

（五）用人单位支付劳动合同约定的劳动报酬和执行最低工资标准的情况；

（六）用人单位参加各项社会保险和缴纳社会保险费的情况；

（七）法律、法规规定的其他劳动监察事项。

（6）第七十五条　县级以上地方人民政府劳动行政部门实施监督检查时，有权查阅与劳动合同、集体合同有关的材料，有权对劳动场所进行实地检查。用人单位和劳动者都应当如实提供有关情况和材料。

## 第五节　特种设备安全法

《特种设备安全法》经中华人民共和国第十二届全国人民代表大会常务委员会第三次会议于 2013 年 6 月 29 日通过，2014 年 1 月 1 日起施行。

特种设备包括锅炉、压力容器、压力管道、电梯、起重机械、客运索道、大型游乐设施、场（厂）内专用机动车辆等。这些设备一般具有在高压、高温、高空、高速条件下运行的特点，易燃、易爆、易发生高空坠落等，对人身和财产安全有较大危险性。

《特种设备安全法》确立了企业承担安全主体责任、政府履行安全监管职责和社会发挥监督作用三位一体的特种设备安全工作新模式。通过强化企业主体责任，加大对违法行为的处罚力度，督促生产、经营、使用单位及其负责人树立安全意识，切实承担保障特种设备安全的责任。

该法突出了特种设备生产、经营、使用单位的安全主体责任，明确规定：在生产环节，法律对特种设备的设计、制造、安装、改造、修理等活动规定了行政许可制度，生产企业对特种设备的质量负责；在经营环节，法律禁止销售、出租未取得许可生产、未经检验和检验不合格的特种设备或者国家明令淘汰和已经报废的特种设备；销售和出租的特种设备必须符合安全要求，出租人负有对特种设备使用安全管理和维护保养的义务；在事故多发的使用环节，法律要求所有特种设备必须向监管部门办理使用登记方可使用，使用单位要落实安全责任，对设备安全运行情况定期开展安全检查，进行经常性维护保养；一旦发现设备出现故障，应当立即停止运行，进行全面检查，消除事故隐患；使用单位对特种设备使用安全负责，并负有对特种设备的报废义务，发生事故造成损害的依法承担赔偿责任。

特种设备安全管理人员应当对特种设备使用状况进行经常性检查，发现问题应当立即处理；情况紧急时，可以决定停止使用特种设备并及时报告本单位有关负责人。

特种设备作业人员在作业过程中发现事故隐患或者其他不安全因素，应当立即向特种设备安全管理人员和单位有关负责人报告；特种设备运行不正常时，特种设备作业人员应当按照操作规程采取有效措施保证安全。

## 第六节　行政法规——《建设工程安全生产管理条例》

行政法规是由国务院制定的规范性文件，颁布后在全国范围内施行。在行政法规层面上，主要有《建设工程安全生产管理条例》，涉及的行政法规还有《安全生产许可证条例》、《关于特大安全事故行政责任追究的规定》、《生产安全事故报告和处理条例》等。在《安全生产许可证条例》中，我国第一次以法律形式确立了企业安全生产的准入制度，是强化安全生产源头管理，全面落实"安全第一，预防为主"安全生产方针的重大举措。

《建设工程安全生产管理条例》经 2003 年 11 月 12 日国务院第 28 次常务会议通过，自 2004 年 2 月 1 日起施行。它是根据《建筑法》和《安全生产法》制定的一部关于建筑工程安全生产的专项法规。

它确立了我国关于建设工程安全生产监督管理的基本制度，明确了参与建设活动各方责任主体的安全责任，确保了建设工程参与各方责任主体安全生产利益及建筑从业人员安全与健康的合法权益，为维护建筑市场秩序，加强建设工程安全生产监督管理提供了重要的法律依据。

《建设工程安全生产管理条例》（以下简称《安全条例》）是我国工程建设领域安全生产工作发展历史中一件具有里程碑意义的大事，也是工程建设领域贯彻落实《建筑法》和《安全生产法》的具体表现，标志着我国建设工程安全生产管理进入法制化、规范化发展的新时期。该条例较为详细地规定了建设单位、勘察、设计、工程监理、其他有关单位的安全责任和施工单位的安全责任，以及政府部门对建设工程安全生产实施监督管理的责任等。

《安全条例》对政府部门、有关企业及相关人员的建设工程安全生产和管理行为进行了全面规范，确立了十三项主要制度。其中，涉及政府部门的安全生产监管制度有七项：依法批准开工报告的建设工程和拆除工程备案制度、三类人员考核任职制度、特种作业人员持证上岗制度、施工起重机械使用登记制度、政府安全监督检查制度、危及施工安全工艺、设备、材料淘汰制度、生产安全事故报告制度。《安全条例》进一步明确了施工企业的六项安全生产制度，即安全生产责任制度、安全生产教育培训制度、专项施工方案专家论证审查制度、施工现场消防安全责任制度、意外伤害保险制度和生产安全事故应急救援制度。

## 第七节　部门行政规章

行政规章泛指以建设部首长或地方行政首长"令"的形式颁布、行政管理性内容较突出的文件（如管理办法、规定），如《建筑起重机械安全监督管理规定》。

涉及的部门规章还有《建筑业企业资质管理规定》、《建筑施工企业安全生产许可证管理规定》、《建筑安全生产监督管理规定》等。

## 第八节　技术法规—规范性文件和安全技术规范

安全技术规范泛指经过规定的立项、编制、审定程序、由国务院相关监督管理部门领导签署或授权签署，住房和城乡建设部公布的管理性和技术性安全技术规范。

规范性文件，如《建筑起重机械备案登记办法》、《建筑施工特种作业人员管理规定》、《关于建筑施工特种作业人员考核工作的实施意见》、《关于发布建设事业"十一五"推广应用和限制禁止使用技术（第一批）的公告》。

安全技术规范，如《建筑施工安全统一技术规范》、《建筑施工安全检查标准》、《建筑施工临时用电安全技术规范》、《建筑施工高处作业安全技术规范》、《建筑施工企业安全生产评价标准》、《建筑机械使用安全技术规程》、《施工现场机械设备检查技术规程》等。

标准规范是作业机械安全技术规范的技术基础，由标准化组织制定。标准中的"引用标准"是指一系列与作业机械安全有关的法规、规章或安全技术规范引用的国家标准和行业标准。标准一旦被安全技术规范所引用，具有与安全技术规范同等的效力，具有强制属性，并成为安全技术规范的组成部分。

建筑施工安全领域较为常用的标准如下：

《安全色》GB 2893；

《安全标志及其使用导则》GB 2894；

《道路交通标志和标线》GB 5768；

《消防安全标志》GB 13495；

《消防安全标志设置要求》GB 15630；

《消防应急照明和疏散指示标志》GB 17945；

《建筑工程施工现场消防安全技术规范》GB 50720；

《建筑施工安全技术统一规范》GB 50870；

《建筑工程施工现场标志设置技术规程》JGJ 348；

《建筑机械使用安全技术规程》JGJ 33；

《施工现场机械设备检查技术规程》JGJ 160；

《建设工程施工现场环境与卫生标准》JGJ 146；

《建筑施工高处作业安全技术规程》JGJ 80；

《建筑施工起重吊装工程安全技术规范》JGJ 276；

《建筑拆除工程安全技术规范》JGJ 147；

《建筑施工安全检查标准》JGJ 59；

《建筑起重机械安全评估技术规程》JGJ/T 189；

《建筑施工升降设备设施检验标准》JGJ 305；

《建筑施工作业劳动防护用品配备及使用标准》JGJ/T 184；

《建筑施工土石方工程安全技术规范》JGJ/T 180；

《建筑施工深基坑工程安全技术规范》JGJ 311；

《湿陷性黄土地区建筑基坑工程安全技术规程》JGJ 167；

《建筑施工升降机安装拆除使用安全技术规程》JGJ 215；

《建筑施工塔式起重机安装拆除安全技术规程》JGJ 196；

《塔式起重机安全监控系统应用技术规程》JGJ 332；

《施工现场临时用电安全技术规范》JGJ 46；

以上，《建筑机械使用安全技术规程》、《施工现场机械设备检查技术规程》、《建筑施工升降设备设施检验标准》等对建设机械使用、日常检查、检验等做了具体规定，读者可做延伸阅读，以充实作业现场标准知识。学员和教师在施工现场还需注意出入施工现场遵守安全规定，认知标志，保障安全。均应注意学习施工现场安全管理规定、设备与自我防护知识、成品保护知识、临近作业、交叉作业安全规定等；尤其是要了解和认知施工现场安全常识、现场标志，遵守相干标准及规程的安全规定。

# 第五章  劳 动 与 合 同

在市场经济充分发展的今天，劳动关系以及与之相关的各种关系错综复杂。《劳动法》及其相关的法律法规在调整上述关系方面起着重要的作用。本章梳理了包括《劳动法》在内的相关法律法规，通过对劳动合同、劳动争议调解仲裁、工作时间与休息休假以及劳动社会保障相关法律法规的阐释，明确了建筑从业人员享有的劳动保障权利。

## 第一节  劳动法基本原理

### 一、劳动法的概念

国内劳动法学界对劳动法概念较为普遍的认识是将其区分为广义和狭义两种。广义上理解的劳动法是指调整劳动关系以及与劳动关系有密切联系的其他关系的法律规范的总和；狭义上劳动法是指由国家颁布的关于调整劳动关系以及与劳动关系有密切联系的其他关系的全国性、综合性的法律，即第八届全国人民代表大会第八次会议于 1994 年 7 月 3 日通过并于 1995 年 1 月 1 日起施行的《劳动法》，2009 年 8 月进行了部分修订。

### 二、劳动法的调整对象

劳动法的调整对象主要是劳动关系，其次是与劳动关系具有密切联系的其他社会关系。劳动关系是劳动者与用人单位之间，为实现劳动过程而发生的由劳动者有偿提供劳动力给用人单位用于同其生产资料相结合的社会关系。

劳动关系的主体有二：一是劳动者，即为用人单位提供劳动力的自然人。作为劳动者，必须具备法律规定的条件有：（1）年龄条件。原则上必须年满 16 周岁，但法律规定了几种例外情形。（2）劳动能力条件。特定的劳动关系中劳动能力具有专属性，并且没有继承性。（3）行为自由。所以，总的说来，劳动者必须具备相应的年龄条件、劳动能力条件以及行为自由。二是用人单位。用人单位应当依法招用和管理劳动者，对劳动者承担有关义务。在我国，包括企业、个体经济组织、一定范围的国家机关、事业单位、社会团体。劳动关系的客体为劳动行为。劳动关系的内容包括劳动者的权利与义务与用人单位的权利与义务。

据劳动和社会保障部《关于确立劳动关系有关事项的通知》的规定，用人单位招用劳动者未订立书面劳动合同，但同时具备下列情形的，劳动关系成立：（1）用人单位和劳动者符合法律、法规规定的主体资格；（2）用人单位依法制定的各项劳动规章制度适用于劳动者，劳动者受用人单位的劳动管理，从事用人单位安排的有报酬的劳动；（3）劳动者提供的劳动是用人单位业务的组成部分。

用人单位未与劳动者签订劳动合同，认定双方存在劳动关系时可参照下列凭证：（1）工资支付凭证或记录（职工工资发放花名册）、缴纳各项社会保险费的记录；（2）用人单位向劳动者发放的"工作证"、"服务证"等能够证明身份的证件；（3）劳动者填写的用人单位招工招聘"登记表"、"报名表"等招用记录；考勤记录；（4）其他劳动者的证言等。

# 第二节 劳 动 合 同

## 一、劳动合同的概念与法律约束力

劳动合同，又称劳动协议或劳动契约，是指劳动者与用人单位之间为确立劳动关系，明确双方的权利和义务关系，依法经过协商而达成的协议。

依照《劳动法》规定，建立劳动关系应当订立劳动合同，这表明劳动合同是确立劳动关系的普遍性法律形式。依法订立的劳动合同受法律保护，对订立合同的双方当事人产生约束力是处理劳动争议的直接证据和依据。劳动合同具有合同的一般特征，即合同双方当事人法律地位平等，合同是当事人自愿、协商一致的结果。根据劳动法订立的合同一经签订，就具有法律约束力。

## 二、劳动合同的基本特征

劳动合同除具有合同的一般特征外，还具有其自身的基本特征：

**1. 劳动合同的主体具有特定性**

劳动合同的主体是特定的，必须一方是用人单位，一方是具有劳动权利能力和劳动行为能力的劳动者。

**2. 在劳动合同履行当中，劳动者与用人单位之间在职责上具有身份上的从属性**

劳动合同订立后，劳动者一方成为用人单位的一名成员，在工作职责上接受用人单位的管理和监督，享受和承担用人单位的权利和义务，对外以用人单位的名义履行职责；用人单位一方，有权利也有义务组织和管理本单位的劳动者，把个人劳动组织到单位的集体劳动中。但这种从属性并不是人身依附关系。如果劳动合同解除，这种身份从属关系也自然解除。

**3. 劳动合同是双务有偿合同**

劳动合同的内容具有劳动权利义务的统一性和对应性，劳动者承担和完成用人单位分配的劳动任务，用人单位必须付给劳动者一定的劳动报酬，并负责法律规定的其他费用（如社会保险等）。

**4. 劳动合同的内容的某些条款必须符合法律的强制性规定**

劳动法律、法规中规定了最低劳动条件和劳动标准，要求用人单位必须遵守。用人单位只能在法律规定的最低劳动条件和劳动标准之上使用劳动者，而不能由劳动关系双方当事人自由协商降低国家规定的劳动条件和劳动标准。

**5. 劳动合同在特定条件下涉及第二人的物质利益**

由于劳动力本身具有再生产的特点，所以劳动合同的内容不限于合同当事人的权利和义务，有时还会涉及到劳动者的直系亲属，如劳动者因疾病、工伤等原因，造成部分或全部丧失劳动能力时，用人单位不仅要负担劳动者的社会保险和其他经济帮助，还要对劳动者扶养的直系亲属给予一定的物质帮助。

**6. 劳动合同的履行具有非强制性**

劳动者因其主观上的故意不履行劳动合同时用人单位也不能强制履行。用人单位对于劳动者旷工，或不经预先告知即终止或解除劳动合同的行为有权采取法律和劳动合同允许的措施，但却没有强制劳动者劳动的权利。

## 三、劳动合同的内容

### 1. 劳动合同的必备条款

（1）劳动合同期限条款

劳动合同的期限，是指劳动合同的存续期间，是劳动关系双方当事人行使权利和履行义务的时间。固定期限劳动合同是指用人单位与劳动者约定合同终止时间的劳动合同。无固定期限劳动合同是指用人单位与劳动者约定无确定终止时间的劳动合同。

《劳动合同法》第14条第2款规定：劳动者在用人单位连续工作满十年的，除劳动者提出订立固定期限劳动合同外，应当订立无固定期限劳动合同；

《劳动合同法》第14条第3款规定：连续订立二次固定期限劳动合同，除劳动者提出订立固定期限劳动合同外，应当订立无固定期限劳动合同。

以完成一定工作任务为期限的劳动合同是指用人单位与劳动者约定以完成某项工作任务为期限的劳动合同。其特点是该类劳动合同没有确定具体履行合同的期限，而是以合同中规定的工作任务的完成作为合同期满的时间。

（2）工作内容和工作地点条款

（3）劳动报酬条款

（4）劳动保护、劳动条件和职业危害防护条款

（5）社会保险条款

（6）工作时间和休息休假条款

### 2. 劳动合同的补充条款

（1）竞业禁止条款

对负有保密义务的劳动者，用人单位可以在劳动合同或者保密协议中与劳动者约定竞业限制条款，并约定在解除或者终止劳动合同后，在竞业限制期限内按月给予劳动者经济补偿。劳动者违反竞业限制约定的，应当按照约定向用人单位支付违约金。竞业限制的人员限于用人单位的高级管理人员、高级技术人员和其他负有保密义务的人员。竞业限制的范围、地域、期限由用人单位与劳动者约定，竞业限制的约定不得违反法律、法规的规定。竞业限制期限，不得超过二年。

（2）违约金条款

违约责任的主要承担方式就是违约金。违约金是指当事人在合同中约定或者由法律所规定的，一方违约时向对方支付一定数量的货币。劳动者提前30日以书面形式通知用人单位，即可解除劳动合同，用人单位只有两种情况可以要求违约金。①劳动者违反服务期约定的，用人单位可以设定违约金，而用人单位可以设定服务期的情形只限于一种情形，用人单位提供专项培训费用，对其进行专业技术培训的，可以与劳动者订立协议，约定服务期。②劳动者违反竞业限制规定的，用人单位可以设定违约金。《劳动合同法》还规定

了违反服务期的约定应当支付违约金的标准。《劳动合同法》第 22 条：劳动者违反服务期约定的，应当按照约定向用人单位支付违约金。违约金的数额不得超过用人单位提供的培训费用。用人单位要求劳动者支付的违约金不得超过服务期尚未履行部分所应分摊的培训费用。《劳动合同法》未规定违反竞业禁止义务的约定应当支付违约金的标准。

（3）试用期条款

劳动者在试用期的工资不得低于本单位相同岗位最低档工资的 80% 或者不得低于劳动合同约定工资的 80%，并不得低于用人单位所在地的最低工资标准。

（4）保守商业秘密条款

## 四、劳动合同的形式

**1. 书面劳动合同（一般形式）：建立劳动关系，应当订立书面的劳动合同**

（1）用人单位与劳动者在用工前订立劳动合同的，劳动关系自用工之日起建立。

（2）已建立劳动关系，未同时订立书面劳动合同的，应当自用工之日起 1 个月内订立书面劳动合同。

**2. 口头劳动合同（特殊形式）：非全日制用工可以订立口头协议**

关于非全日制劳动合同适用的特殊规定：

（1）可以订立口头协议。

（2）劳动者可以与几个用人单位同时签订非全日制劳动合同。

（3）不得约定试用期。

（4）小时计酬标准不得低于用人单位所在地最低小时工资标准。

（5）劳动报酬结算支付周期最长不得超过十五日。

# 第三节 劳动合同与劳务合同的区别

## 一、劳务合同的概念与特征

劳务合同是民事合同，是独立经济实体的单位之间、公民之间以及它们相互之间在平等协商的情况下达成的，就某一项劳务以及劳务成果所达成的协议。

劳务合同有以下特征：

（1）主体的广泛性与平等性。劳务合同的主体既可以是法人、组织之间签订，也可以是公民个人之间、公民与法人组织之间，一般不作为特殊限定，具有广泛性。同时，双方完全遵循市场规则，法律地位平等。

（2）合同标的的特殊性。劳务合同的标的是一方当事人向另一方当事人提供的劳动力，即劳务，它是一种行为。劳务合同是以劳务为给付标的的合同，劳动的差异与特殊性决定了劳务合同的倾向的特殊性，有些侧重于劳务行为的过程，如运输合同；有些侧重于劳务行为的结果，如承揽合同。

（3）内容的任意性。除法律、法规有强制性规定以外，合同双方当事人完全可以按自由意志决定劳务合同的内容及相应的条款。内容可以属于生产、工作中某项专业方面的需要，如小区保安；也可以属于家庭生活，如保姆等。双方签订合同时应依据《合同法》的自愿原则进行。

（4）合同是双务合同、非要式合同。在劳务合同中，一方为提供劳务方，另一方接受劳务方，故为劳务合同是双务有偿合同。大部分劳务合同为非要式合同，除法律有做特别规定者外。《民法通则》第2条规定："中华人民共和国民法调整平等主体的公民之间、法人之间、公民和法人之间的财产关系和人身关系。"

## 二、劳动合同与劳务合同的区别

（1）主体

劳动合同的主体是确定的，只能是接受劳动的一方为符合条件的用人单位，提供劳动的一方是自然人。劳务合同的主体可以双方都是单位，如劳务派遣；也可以双方都是自然人，如理发服务；还可以一方是单位，另一方是自然人，如用工单位聘用退休人员做保安。

（2）双方当事人关系

劳动合同的劳动者在劳动关系确立后成为用人单位的成员，须遵守用人单位的规章制度，双方之间具有领导与被领导、支配与被支配的隶属关系，这种关系包括经济关系和人身关系。劳务合同的一方无须成为另一方成员即可需方提供劳动，只发生财产关系，双方之间的法律地位从始至终是平等的。

（3）承担劳动风险责任的主任

劳动合同的双方当事人由于在劳动关系确立后具有隶属关系，劳动者必须服从用人单位的组织、支配，因此在提供劳动过程中的风险责任须由用人单位承担。劳务合同提供劳动的一方有权自行支配劳动，因此劳动风险责任自行承担。"个人之间形成劳务关系，提供劳务一方因劳务造成他人损害的，由接受劳务一方承担侵权责任。提供劳务一方因劳务自己受到损害的，根据双方各自的过错承担相应的责任。"

（4）报酬

因劳动合同支付的劳动报酬称为工资，具有按劳分配性质，不完全和不直接随市场供求情况变动，其支付形式往往特定化为一种持续、定期的工资支付。工资除当事人自行约定数额外，其他如最低工资、工资支付方式都要遵守法律、法规的规定。报酬除了按月的工资外，还有福利、社会保险等。劳务合同支付的劳动报酬称为劳务费，主要由双方当事人自行协商价格支付方式等，国家法律不过分干涉。

（5）受国家干预程度不同。

劳动合同的条款及内容，国家常以强制性法律规范来规定。如劳动合同的解除，除双方当事人协商一致外，用人单位解除劳动合同必须符合《劳动法》规定的条件等。劳务合同受国家干预程度低，除违反国家法律、法规的强制性规定外，在合同内容的约定上主要取决于双方当事人的意思自治，由双方当事人自由协商确定。

（6）违反合同产生的法律责任不同。

劳动合同不履行、非法履行所产生的责任不仅有民事上的责任，而且还有行政上的责任，如用人单位支付劳动者的工资低于当地的最低工资标准，劳动行政部门责令用人单位限期补足低于标准部分的工资，拒绝支付的，劳动行政部门同时还可以给用人单位警告等行政处分。

劳务合同所产生的责任只有民事责任违约责任和侵权责任，不存在行政责任。

（7）劳动力的支配权不同。

在劳动合同关系中，劳动力的支配权，归掌握生产资料的用人单位行使，双方形成管理与被管理者的隶属关系。在劳务合同关系中则由劳务提供方自行组织和指挥劳动过程。

（8）适用法律和争议解决

劳动合同的履行贯穿着国家的干预，为了保护劳动者，《劳动法》给用人单位强制性地规定了许多义务。劳动争议一旦发生，应注意其解决途径的特殊性。劳动争议仲裁是诉讼的必经程序，即必须先经过劳动仲裁委员会仲裁后，当事人才可以向法院起诉，否则人民法院不予受理。而且，提起劳动仲裁具有时效性，劳动争议申请仲裁的时效期间为一年。仲裁时效期间从当事人知道或者应当知道其权利被侵害之日起计算。前款规定的仲裁时效适用中断的规定。因不可抗力或者有其他正当理由，仲裁时效适用中止的规定。劳动关系存续期间因拖欠劳动报酬发生争议的，劳动者申请仲裁不受本条第一款规定的仲裁时效期间的限制；但是，劳动关系终止的，应当自劳动关系终止之日起一年内提出。因劳动合同劳务合同属于民事合同的一种，受民法及合同法调整，因劳务合同发生的争议由人民法院审理。

【案例1】龙某系某市从事货物运输经营活动的个体经营者，长期雇佣3个人员为其工作，并为3人缴纳社会保险费。1999年11月，龙某承接了一项运输水泥电线杆的业务。11月12日开始运输后，龙某认为3人无法完成预定的运输任务，其雇工之一张某介绍自己的邻居钟某参加运输，龙某同意，并与钟某约定完成这次运输任务后即不再雇佣钟某，费用一次性付给钟某。钟某在卸车过程中，由于不慎被水泥电线杆压死。2000年1月9日，钟某家属向某市劳动局申请，要求对钟某死亡作出工伤事故认定。问题：龙某与钟某的关系是劳务关系，还是劳动关系？

【解析】龙某与钟某之间是劳务关系而不是劳动关系。

钟某并非龙某个体经济组织的成员，平时不接受龙某的管理，双方约定的报酬方式也是一次性的，与工资报酬关系的持续性支付不同。钟某在为龙某提供劳务时死亡，应依《民法通则》处理，即按民事纠纷处理。

## 三、劳动合同的履行和变更

### 1. 劳动合同的履行

劳动合同的履行是指劳动合同的双方当事人依照劳动合同规定，完成自己所承担的义务的行为。劳动合同履行应当遵循的原则有三：①亲自履行原则；②全面履行原则；③协作履行原则。

《劳动合同法》第33条规定：用人单位变更名称、法定代表人、主要负责人或者投资人等事项，不影响劳动合同的履行。

【案例2】小李原在某企业技术开发部门工作，2004年初经企业领导批准自费出国学习2年，出国前与企业续签了5年期限的劳动合同。双方在劳动合同中约定，小李学习结束回国后继续在技术部门工作。学习期间中止履行该劳动合同。2006年初，小李留学归来回到企业，但此时该企业的法定代表人发生了变更，新的领导则要求小李从事销售工作。小李便找到新的领导，要求按照约定安排工作，而新领导则称小李的劳动合同是原来的领导签订的，法定代表人变更后原来的劳动合同就没有法律效力了。小李将该企业告到劳动争议仲裁委员会，要求企业履行双方签订的劳动合同。

【解析】《劳动合同法》第34条：用人单位发生合并或者分立等情况，原劳动合同继续有效，劳动合同由承继其权利和义务的用人单位继续履行。

**2. 劳动合同的变更**

劳动合同的变更，是指在履行过程中，当事人双方依据情况变化（包括工作地点的变化，工资福利、休假、休息时间的变更），按照法律规定或劳动合同的约定，对原劳动合同的条款进行修改、补充和废止的行为。《劳动合同法》第35条：用人单位与劳动者协商一致，可以变更劳动合同约定的内容。变更劳动合同，应当采用书面形式。一方提出变更请求，另一方作出答复，双方达成书面协议。

目前仲裁机构和法院的态度是：首先，承认和保护企业的用人自主权；其次，要防止企业的用人自主权的滥用；最后，要防止权力滥用，企业应对其调薪调岗行为举证说明其具有"充分合理性"。那么如何证明充分合理性呢？主要可以从两个方面，一是从企业角度来说，即企业因为客观情况的变化以及生产经营的需要，需要合并、增减岗位职位的；二是从劳动者角度来看，如员工的身体状况、工作表现与业绩、知识技能水平等，与本职、本岗工作要求不相符合，甚至员工有严重失职行为或者能力不够导致所负责的工作出现重大失误，给公司造成损失或者有必然造成损失的危险等。

**3. 劳动合同的解除**

劳动合同签订后，在尚未履行完毕之前，劳动合同的主体基于单方或双方的意愿，提前结束劳动合同效力的法律行为。协商解除是指用人单位与劳动者协商一致，可以解除劳动合同。法定解除是指出现国家法律、法规或合同规定的可以解除劳动合同的情况时，无须双方当事人一致同意，合同效力都可以自然或单方提前终止。

**4. 用人单位解除劳动合同及其限制**

（1）用人单位根据劳动者在工作中的主要表现决定解除劳动合同

《劳动合同法》第39条：劳动者有下列情形之一的，用人单位可以解除劳动合同：①在试用期间被证明不符合录用条件的；②严重违反用人单位的规章制度的；③严重失职，营私舞弊，给用人单位造成重大损害的；④劳动者同时与其他用人单位建立劳动关系，对完成本单位的工作任务造成严重影响，或者经用人单位提出，拒不改正的；⑤因欺诈、胁迫的手段或者乘人之危，使对方在违背真实意思的情况下订立劳动合同的情形，致使劳动合同无效的；⑥被依法追究刑事责任的。

过失性解除劳动合同的情形：1）试用期内，用人单位需要证明劳动者不符合录用条件。用人单位如何证明劳动者是否符合录用条件：①用人单位需要明确设定相应岗位的录用条件；②用人单位需要有严格的试用期考核结论；③用人单位应当将事先设定的相应岗位的录用条件和劳动者试用期考核结论相比较。2）劳动者严重违反用人单位规章制度，用人单位要求解除劳动合同时，需事先证明有明确规定。3）劳动者给用人单位造成重大损害，用人单位要求解除劳动合同时，需要事先有明确的界定。4）劳动者兼职，用人单位要求解除劳动合同时，需要满足相应的条件。劳动者同时与其他用人单位建立劳动关系，对完成本单位的工作任务造成严重影响，或者经用人单位提出，拒不改正的，用人单位可以解除劳动合同。5）劳动者因欺诈、胁迫的手段或者乘人之危订立劳动合同，用人单位要求解除劳动合同时，需要证明使其违背了真实意思订立劳动合同。6）劳动者被追究刑事责任，用人单位要求解除劳动合同时，须符合法律规定。

（2）用人单位根据劳动合同履行中客观情况的变化解除劳动合同

1）劳动者患病或非因公负伤时，用人单位辞退劳动者的条件。

劳动者患病或者非因工负伤，在规定的医疗期满后不能从事原工作，也不能从事由用人单位另行安排的工作的，用人单位提前三十日以书面形式通知劳动者本人或者额外支付劳动者一个月工资后，可以解除劳动合同。需要同时具备两个条件：

① 医疗期届满

工作年限 10 年以下，本单位工作年限 5 年以下，医疗期为 3 个月；5 年以上，医疗期为 6 个月；工作年限 10 年以上，本单位工作年限 5 年以上 10 年以下，医疗期为 9 个月；10 年以上 15 年以下，医疗期为 12 个月；15 年以上 20 年以下，医疗期为 18 个月；20 年以上，医疗期为 24 个月。

② 医疗期满，劳动者不能从事原工作，且不能就变更劳动合同与单位协商一致。

2）不能胜任工作时，用人单位辞退劳动者的条件：《劳动合同法》第 40 条第 2 款：劳动者不能胜任工作，经过培训或者调整工作岗位，仍不能胜任工作的。

3）客观情况发生重大变化，致使劳动合同无法履行时，用人单位辞退劳动者的条件。《劳动合同法》第 40 条第 3 款：劳动合同订立时所依据的客观情况发生重大变化，致使劳动合同无法履行，经用人单位与劳动者协商，未能就变更劳动合同内容达成协议的。客观情况发生重大变化是指发生不可抗力或者出现致使劳动合同全部或部分条款无法履行的情况，如企业迁移、被兼并、企业资产转移等且排除经济性裁员的客观情形。经济性裁员是指由于企业生产经营发生严重困难，为摆脱困境，而较大规模裁减员工的行为。

《劳动合同法》第 41 规定：有下列情形之一，需要裁减人员二十人以上或者裁减不足二十人但占企业职工总数百分之十以上的，用人单位提前三十日向工会或者全体职工说明情况，听取工会或者职工的意见后，裁减人员方案经向劳动行政部门报告，可以裁减人员：依照企业破产法规定进行重整的；生产经营发生严重困难的；企业转产、重大技术革新或者经营方式调整，经变更劳动合同后，仍需裁减人员的；其他因劳动合同订立时所依据的客观经济情况发生重大变化，致使劳动合同无法履行的。

《劳动合同法》第 48 条：用人单位违反本法规定解除或者终止劳动合同，劳动者要求继续履行劳动合同的，用人单位应当继续履行；劳动者不要求继续履行劳动合同或者劳动合同已经不能继续履行的，用人单位应当支付赔偿金。

**5. 劳动者行使单方解除权解除劳动合同**

（1）劳动者预告解除劳动合同。

（2）劳动者即时解除劳动合同：

有以下几种情况之一的劳动者可以即时解除劳动合同：①用人单位以暴力、威胁或者非法限制人身自由的手段强迫劳动；②用人单位不按劳动合同规定支付劳动报酬或者提供劳动条件的；③用人单位未依法为劳动者缴纳社会保险费的；④用人单位的规章制度违反法律、法规的规定，损害劳动者权益的；⑤用人单位以欺诈、胁迫的手段或者乘人之危，使劳动者在违背真实意思的情况下订立劳动合同；⑥用人单位违章指挥，强令冒险作业危及劳动者人身安全。

# 第六章　劳动争议调解仲裁

## 第一节　劳 动 争 议

　　劳动争议，也叫劳动纠纷，一般是指劳动关系双方当事人因执行劳动法律、法规或履行劳动合同、集体合同，持不同的主张和要求而产生的争执。分为个人劳动争议、团体劳动争议和集体合同争议三种类型。劳动争议产生的前提条件是建立劳动关系。劳动争议包括：因用人单位开除、除名、辞退职工和职工辞职、自动离职发生的争议；因执行有关工资、保险、福利、培训、劳动保护的规定发生的争议；因履行劳动合同发生的争议；法律、法规规定的其他劳动争议；集体合同方面的争议。

　　劳动争议的类型可分为五类：①因确认劳动关系发生的争议；②因订立、履行、变更、解除和终止劳动合同发生的争议；③因除名、辞退、辞职、离职发生的争议；④因工作时间、休息休假、社会保险、福利、培训以及劳动保护发生的争议；⑤因劳动报酬、工伤医疗费、经济补偿金或者赔偿金等发生的争议；⑥法律法规规定的其他劳动争议。

## 第二节　处 理 方 式

　　根据《劳动法》第77条的规定：用人单位与劳动者发生劳动争议，当事人可以依法申请调解、仲裁、提起诉讼，也可以协商解决。调解原则适用于仲裁和诉讼程序。这就是我国法律关于劳动争议发生后可供选择的四种典型解决方式。《劳动法》第79条还规定：劳动争议发生后，当事人可以向本单位劳动争议调解委员会申请调解；调解不成，当事人一方要求仲裁的，可以向劳动争议仲裁委员会申请仲裁。当事人一方也可以直接向劳动争议仲裁委员会申请仲裁。对仲裁裁决不服的可以向人民法院提起诉讼。这条规定明确了劳动争议处理的顺序与过程。

**1. 协商程序**

　　协商是指劳动者与用人单位就争议的问题直接进行协商，寻求解决纠纷的具体方案。协商程序一般在纠纷发生的初期进行，劳动者和用人单位都可以提出协商。

**2. 调解程序**

　　调解程序是指劳动争议一方当事人就已经发生的劳动争议向劳动争议调解委员会申请调解的程序。调解程序一般在双方协商未能达成协议之后，提起仲裁之前进行。根据《劳动法》第80条的规定："在用人单位内，可以设立劳动争议调解委员会。劳动争议调解委员会由职工代表、用人单位代表和工会代表组成。劳动争议调解委员会主任由工会代表担任。劳动争议经调解达成协议的，当事人应当履行。"调解委员会委员一般兼备法律知识、政策水平和实际工作能力，又了解本单位和职工的具体情况，有利于纠纷的解决。因此如果当事人经协商后未能解决纠纷，可以申请调解委员会来调解。根据规定，除因签订、履行集体劳动合同发生的争议外，劳动者与用人单位发生的其他劳动争议均可由本单位劳动争议调解委员会调解。

调解的效力为：调解协议书经双方当事人签名盖章，或经调解员签名并加盖调解组织印章后生效。调解协议达成后不履行的，可以申请劳动仲裁；因支付拖欠劳动报酬、经济补偿金、赔偿金及工伤医疗费事项达成的协议，可以申请支付令。

**3. 仲裁程序**

劳动仲裁是指由劳动争议仲裁委员会对当事人申请仲裁的劳动争议居中公断与裁决。该程序既具有劳动争议调解的灵活、快捷的特点，又具有强制执行的效力，是解决劳动争议的重要手段。我国法律规定，劳动仲裁是劳动争议当事人向人民法院提起诉讼的前置程序，即如果想提起诉讼打劳动官司，必须经过仲裁程序，否则人民法院将不予受理。

仲裁机关为劳动仲裁委员会，一般在区、县级以上行政区划内设置；劳动仲裁的管辖地为劳动合同履行地或用人单位所在地；仲裁参加人包括申请人、被申请人以及利害关系人。

劳动者丧失或部分丧失民事行为能力的，由其法定代理人代为参加仲裁活动，无法定代理人的，由劳动争议仲裁委员会为其指定代理人。劳动者死亡的由其亲属或代理人参加仲裁。

劳动争议的处理的一般时效为一年，自当事人知道或应当知道自己权利被侵害之日起计算。时效的会因为三种原因中断：①主张权利；②向有关部门请求救济；③承诺履行义务。时效的中止：不可抗力或正当理由导致当事人不能在时效内申请，自发生该事由之日起中止，消除时继续计算。在岗职工因拖欠劳动报酬而发生的劳动争议，不受时效限制。职工与用人单位劳动关系终止，自劳动关系终止之日起一年内应提出关于拖欠劳动报酬的仲裁申请。

仲裁以多数决定的形式形成最后的裁决。

裁决的效力：1）一般的劳动仲裁裁决，当事人在收到仲裁裁决书之日起15日内可以向法院提起诉讼。不提起诉讼亦不履行裁决的，另一方有权向法院申请强制执行。2）裁决书立即发生法律效力的情形：①追索劳动报酬、工伤医疗费、经济赔偿或补偿金，金额不超过当地12个月最低工资总额的；②因执行国家的劳动标准在工作时间、休息时间、社会保险等方面发生的争议。3）对立即发生效力的裁决，用人单位可以自收到仲裁裁决之日起30日内向中级人民法院申请撤销裁决的情形：①适用法律法规确有错误；②仲裁委无管辖权；③仲裁违反法定程序；④裁决所根据的证据是伪造的；⑤对方当事人隐瞒了足以影响公正裁决的证据；⑥仲裁员在仲裁该案时有索贿受贿、徇私舞弊、枉法裁决行为。

**4. 诉讼程序**

诉讼程序即我们平时所说的打官司，它是由不服劳动争议仲裁委员会裁决的当事人向人民法院提起诉讼后启动的程序。诉讼程序是劳动争议解决的最后一道程序，其裁判结果具有强制力。

# 第七章　工作时间与休息休假

## 第一节　工　作　时　间

工作时间又称劳动时间，是指国家法律、行政法规等对职工在一定时间内的劳动时间或工作时间所作的有关规定的总称。

工作时间的特征有三：

（1）工作时间是劳动关系中劳动者为用人单位履行劳动义务而从事劳动或工作的时间，同时也是用人单位计发劳动报酬的时间。劳动者应当按照法律规定或与用人单位约定的时间从事生产或工作，用人单位应按照劳动者在工作时间内提供的劳动数量和质量计发劳动报酬。未能依法或依约履行的一方要承担相应的法律责任。

（2）工作时间的长度由法律直接规定或者由劳动者和用人单位依法约定。工作时间的最长限度由国家法律规定，用人单位不得在法定时间外任意延长劳动者工作时间的长度。

（3）工作时间的范畴既包括劳动者实际工作的时间，也包括劳动者某些非实际工作时间。例如，劳动者工作前的准备时间，下班前后的交接时间，工间歇息时间，排除动力、设备故障的短暂停工时间，女职工哺乳未满一周岁婴儿的哺乳时间，出差时间，接受与工作有直接关系的具有义务性质的教育时间，依法参加相关社会活动的时间等等。

## 第二节　工作时间的种类

工作时间是指法律规定劳动者在一昼夜或一周内从事生产或工作的时间。其表现形式有工作小时、工作日和工作周三种。

劳动法第 36 条明确规定："国家实行劳动者每日工作时间不超过八小时，平均每周工作时间不超过四十小时的工作制度。"这是劳动法对我国现行工时制度的概括规定，它为工时的单项立法提供了标准。工作时间一般包括工作周和工作日两种。

工作周是指法律规定的劳动者在一周内从事劳动和工作的时间，工作周以日历周为计算单位，1 年内有 52 个工作周。自 1995 年 5 月 1 日起，根据国务院《关于修改〈国务院关于职工工作时间的规定〉的决定》第 3 条（1995 年 3 月 25 日发布）规定，实行职工每周工作 5 天、40 小时工作周制度。

工作日又称劳动日，是指法律规定的劳动者在一昼夜内工作时间的长度（小时数）。它是以日为计算单位的工作时间。工作日是计算出勤率、工资标准、工资定额、工作效率的基础。根据《劳动法》、《国务院关于职工工作时间的规定》以及《关于修改〈国务院关于职工工作时间的规定〉的决定》，我国实行的工作日的种类主要有标准工作日、缩短工作日、延长工作日、不定时工作日以及综合计算工作日。

（1）标准工作日

标准工作日是指由法律规定的，在正常情况下普遍实行的法定工作日。国务院《关于修改〈国务院关于职工工作时间的规定〉的决定》第三条规定，我国的标准工作日为每日工作 8 小时，即 8 小时工作制。

标准工作日的主要特点是：①它以正常情况作为其适用条件；②它普遍适用于一般职工；③它是按正常作息办法安排工时，属于均衡工作制；④标准工作日是我国工时制度立法的基础，也是计算其他工作日种类的依据。

（2）缩短工作日

缩短工作日是指在特殊条件下实行的工作时间少于标准工作日时数的工作日。它的目的是保护在严重有害健康和劳动条件恶劣的情况下工作的劳动者的身体健康以及对女工和未成年工实行特殊保护。

在我国，目前允许实行缩短工作日的劳动者有以下几种：①从事矿山、井下、高山、有害有毒、特别繁重或过度紧张等作业的劳动者，其工作日的时数少于 8 小时；②从事夜班工作的劳动者；③哺乳期内的和怀孕的女职工；④未成年工。

（3）延长工作日

延长工作日是指法律规定在特殊条件下实行的超过标准工作日长度的工作日。它适用于从事受自然条件或技术条件限制的季节性作业的职工，并且只能在一年中的某段时间（如忙季）实行；以后（如淡季）应当以实行缩短工作日或者补休的方式，抵补超过标准工作日长度的工时。

（4）不定时工作日

不定时工作日是指每天没有固定工作时间限制的工作日。主要适用于一些因工作性质或工作条件不受标准工作时间限制的工作。根据我国现行的相关法规，因工作性质和工作职责限制，需要实行不定时工作制的，职工平均每周工作时间不得超过 40 小时。根据劳动部《关于企业实行不定时工作制和综合计算工时工作制的审批办法》第四条规定，企业对符合下列条件之一的职工，可以实行不定时工作制：①企业中的高级管理人员、外勤人员、推销人员、部分值班人员和其他因工作无法按标准工作时间衡量的职工；②企业中的长途运输人员、出租汽车司机和铁路、港口、仓库的部分装卸人员以及因工作性质特殊，需机动作业的职工；③其他因生产特点、工作特殊需要或职责范围的关系，适合实行不定时工作制的职工。

（5）综合计算工作日

综合计算工作日是指采用以周、月、季或年为周期，集中安排并综合计算工作时间和休息时间的工作时间。根据劳动部《关于企业实行不定时工作制和综合计算工时工作制的审批办法》第五条规定，企业对符合下列条件之一的职工，可实行综合计算工时工作制，但其平均日工作时间和平均周工作时间应与法定标准工作时间基本相同。①交通、铁路、邮电、水运、航空、渔业等行业中因工作性质特殊，需连续作业的职工；②地质及资源勘探、建筑、制盐、制糖、旅游等受季节和自然条件限制的行业的部分职工；③其他适合实行综合计算工时工作制的。

## 第三节　延长工作时间的限制与补偿

延长工作时间是指劳动者的工作时数超过法律规定的标准工作时间。延长工作时间包括加班和加点。加班，是指职工按照用人单位的要求，在法定节日或周休息日从事生产或工作。加点，是指职工按照用人单位的要求，在标准工作日以外继续从事生产或工作。

### 一、延长工作时间的限制

延长工作时间的人员范围有限制。我国立法规定，禁止安排未成年人、怀孕女工和哺乳未满 12 个月婴儿的女职工在正常工作日以外加班、加点。

我国《劳动法》规定，延长工作时间应当以"生产经营需要"为条件，但未明确规定"生产经营需要"的具体情形。用人单位由于生产需要而安排延长工作时间的，应当事先与工会和劳动者协商。用人单位由于生产经营需要，经工会和劳动者协商后可以延长工作时间，一般每日不超过 1 小时；因特殊原因需要延长工作时间的，在保障劳动者身体健康的条件下延长工作时间，每日不得超过 3 小时，但是每月不得超过 36 小时。

特殊情况下延长工作时间的规定。除了一般情况下延长工作时间的规定外，《劳动法》还规定了在特殊情况下，如果出现了危及国家财产、集体财产和人民生命安全得紧急事件时，延长工作时间不受《劳动法》第 41 条的限制，也即不受一般情况下延长工作时间的条件和法定时数的限制。限制的特殊情形有：发生自然灾害、事故或者因其他原因，威胁劳动者生命健康和财产安全，使人民的安全健康和国家资财遭到严重威胁，需要紧急处理的；生产设备、交通运输线路、公共设施发生故障，影响生产和公共利益，必须及时抢修的；在法定节日和公休假日内工作不能间断，必须连续生产、运输或营业的；必须利用法定节日或公休假日的停产期间进行设备检修、保养的；为了完成国防紧急生产任务，或者完成上级在国家计划外安排的其他紧急生产任务，以及商业、供销企业在旺季完成收购、运输、加工农副产品紧急任务的；法律、行政法规规定的其他情形等等。

### 二、延长工作时间的补偿

我国现行法律法规关于延长工作时间的补偿，兼有职工利益补偿和限制延长工时的双重功能。我国现行的延长工作时间补偿有两种主要形式，即补休和支付加班加点工资。对于法定节假日以外延长工作时间的，应当优先采用补休的形式。

加班加点工资的发放标准。劳动法第 44 条规定安排劳动者延长工作时间的，支付不低于工资的百分之一百五的工资报酬；休息日安排劳动者工作又不可能安排补休的，支付不低于工资的百分之二百的工资报酬；法定休假日安排劳动者工作的，支付不低于工作的百分之三百的工作报酬。

2008 年 1 月 3 日，劳动和社会保障部下发了《关于职工全年月平均工作时间和工资折算问题的通知》，根据《全国年节及纪念日放假办法》的规定，劳动者的制度工作时间（即全年总天数减去休息日及法定节假日）由此前的 251 天减少为 250 天，则每月工作日由目前的 20.92 天调整为 20.83 天。《通知》首次提出"月计薪天数"的概念，用以计算日工资、小时工资，而上文提到的节假日加班三薪、公休日加班双薪正是以日工资、小时工资为计算基数。《通知》明确指出，按照《劳动法》第51条的规定，法定节假日用人单位应当依法支付工资。也就是说11个节假日都应计薪，除去不计薪的104个双休日，月计薪天数应为（365−104）除以12，即21.75天，再由月工资收入除以21.75得出日工资水平，以此为基数计算加班工资。

### 三、休息休假制度

休息休假又称休息时间，是指企业、事业、机关、团体等单位的劳动者按规定不必进行生产和工作而自行支配的时间。它包括劳动者每天休息的时数、每周休息的天数、法定节假日、探亲假、年休假等。

**1. 工作日内的休息时间**

这是指劳动者在每个工作日应有的休息和用膳时间，即午休时间。间歇时间的长短可由各单位根据具体情况确定，一般不少于半个小时。间歇时间应规定在工作开始后4小时，因为连续工作4小时后，正处于疲劳阶段，给予一定的间歇时间休息，有利于帮助职工恢复体力和精力。对怀孕7个月以上的女职工应给予工间休息时间。

**2. 工作日之间的休息时间**

工作日之间的休息时间是指两个邻近工作日之间的间隔时间。我国实行8小时工作制，职工从一个工作日结束到下一个工作日开始前的休息时间一般不应少于15~16小时。两个工作日间的休息时间能够有效的保证劳动者恢复体力和精力。实行轮班制的职工，其班次一般应休息日后调换，调换班次时，不得让工人连续工作两班。

**3. 每周休假日**

每周休假日是劳动者工作满一个工作周以后的休息时间。《劳动法》第38条规定，用人单位应当保证劳动者每周至少休息1天。目前，我国实行5天工作制，大多数国家机关、企业事业单位实行统一的工作和休息时间，即每周的星期六和星期日为休息日。对于因生产工作需要等不能在公休假日休息的，可使职工在一周内的其他时间轮流休息。

**4. 法定节日休息时间**

法定节日是指国家法律统一规定的用以开展纪念、庆祝等活动的休息时间。劳动法第40条规定用人单位在下列节日期间，应当依法安排劳动者休假：元旦、春节、国际劳动节、国庆节以及法律法规规定的其他休假节日。全体公民放假的节日：①新年，放假1天（1月1日）；②春节，放假3天（农历除夕、正月初一、初二）；③清明节，放假1天（农历清明当日）；④劳动节，放假1天（5月1日）；⑤端午节，放假1天（农历端午当日）；⑥中秋节，放假1天（农历中秋当日）；⑦国庆节，放假3天（10月1日、2日、3日）。

**5. 年休假**

年休假是指劳动者每年享有保留原职和工资的连续休假。2007年12月7日国务院通过了《职工带薪年休假条例》自2008年1月1日起施行。该《条例》规定，机关、团体、企业、事业单位、民办非企业单位、有雇工的个体工商户等单位的职工连续工作1年以上的，享受带薪年休假。单位应当保证职工享受年休假。职工在年休假期间享受与正常工作期间相同的工资收入。职工累计工作已满1年不满10年的，年休假5天；已满10年不满20年的，年休假10天；已满20年的，年休假15天。国家法定休假日、休息日不计入年休假的假期。对职工应休未休的年休假天数，单位应当按照该职工日工资收入的百分之三百支付年休假工资报酬。

**6. 探亲假**

探亲假，是指法定给予家属分居两地的职工，在一定时期内与父母或配偶团聚的假期。

（1）享受探亲假的条件

凡在国家机关、人民团体和全民所有制企业、事业单位满一年的职工，配偶不住在一起，又不能在公休假日团聚的，可以享受探望配偶的待遇；与父母都不住在一起，又不能公休假日团聚的，可享受本规定探望父母的待遇。这里的"父母"，对已婚职工来说，仅限于职工本人的父母，而不包括职工配偶的父母（公婆或岳父母）。职工与父亲或母亲一方能在公休假日团聚的，不享受探望父母的待遇。

（2）探亲假的假期

按照《国务院关于职工探亲待遇的规定》探亲假的具体假期为：①职工探望配偶的，每年给予一方探亲假一次，假期为30天。②未婚职工探望父母，原则上每年给假一次，假期为20天。如果因为工作需要，本单位当年不能给予假期，或者职工自愿两年探亲一次，可以两年给假一次，假期为45天。③已婚职工探望父母的，每四年给假一次，假期为20天。

（3）探亲假期间的待遇

职工在规定的探亲假期和路程假期内，按照本人的标准工资发给工资。职工探望配偶和未婚职工探望父母的往返路费，由所在单位报销。已婚职工探望父母的往返路费，在本人月标准工资百分之三百以内的，由本人自理，超过部分由所在单位报销。

除了上述休息时间外，依相关规定休息时间还有女职工的产假、职工婚丧假等。任何用人单位的女职工均享有产假，假期为90天，其中产前休假15天。难产的增加产假15天。多胞胎生育的每多生育一个婴儿，增加产假15天。职工请婚丧假3个工作日之内的工资照发。同时对于晚婚者，婚假可以适当延长。

# 第八章　劳动保障与社会保险

## 第一节　社会保障的概念

联合国劳工组织对社会保障的定义为：社会通过采取一系列的公共措施向其成员提供保护，以便在由于疾病、生育、工伤、失业、伤残、年老和死亡等原因造成停薪或大幅减少工资而引起的经济和社会贫困进行斗争，并提供对有子女的家庭实行补贴的制度。

我国的"社会保障"是指国家通过对社会成员在生老病死、伤残、丧失劳动能力或因自然灾害面临生活困难时给予物质帮助来保障每个公民的基本生活需要的制度。社会保险基金制度是我国的社会保障制度中最重要的部分之一。

## 第二节　社　会　保　险　基　金

### 一、社会保险基金的基本概念

社会保险基金是指为了保障保险对象的社会保险待遇，按照国家法律、法规，由缴费单位和缴费个人分别按缴费基数的一定比例缴纳以及通过其他合法方式筹集的专项资金。社会保险基金是国家为举办社会保险事业而筹集的，用于支付劳动者因暂时或永久丧失劳动能力或劳动机会时所享受的保险金和津贴的资金。社会保险基金按照保险类型确定资金来源，逐步实行社会统筹。用人单位和劳动者必须依法参加社会保险，缴纳社会保险费。

### 二、社会保险基金的基本来源与分类

我国社会保险基金来源可以大致分为四个方面：

（1）由参保人按其工资收入（无法确定工资收入的按职工平均工资）的一定百分比缴纳的保险费；

（2）由参保人所在单位按本单位职工工资总额的一定百分比缴纳的保险费；

（3）政府对社会保险基金的财政补贴；

（4）社会保险基金的银行利息或投资回报及社会捐赠等。

社会保险基金主要包含五大类，分别是：基本养老保险基金、基本医疗保险基金、工伤保险基金、失业保险基金和生育保险基金。

各项社会保险基金按照社会保险险种分别建账，分账核算，执行国家统一的会计制度。社会保险基金应专款专用，不允许任何组织和个人以任何形式侵占或者挪用。

### 三、养老保险基金

**1. 概念**

养老基金的全称为养老保险基金。它是我国社会保障制度的一个非常重要的组成部分，也称养老保险制度。就我国养老保险制度现状来看，它是在劳动者年老体弱丧失劳动能力时，为其提供基本生活保障的一种社会体系，如达到退休年龄办理退休审批手续后，就可以享受养老金待遇了。

**2. 养老保险的来源**

（1）个人缴纳应达到缴费工资的 8％；

（2）用人单位的缴付比例不得超过企业工资总额的 20％；

（3）国家以让税、让利和补贴的方式提供养老保险的资金。

《国务院关于建立统一的企业职工基本养老保险制度的决定》（国发〔1997〕26 号）实施后参加工作、缴费年限累计满 15 年的人员，退休后按月发给基本养老金。基本养老金由基础养老金和个人账户养老金组成。退休时的基础养老金月标准以当地上年度在岗职工月平均工资和本人指数化月平均缴费工资的平均值为基数，缴费每满 1 年发给 1％。个人账户养老金月标准为个人账户储存额除以计发月数。

### 四、失业保险基金

**1. 失业保险制度**

失业保险是指国家通过立法强制实行的，由社会集中建立基金，对因失业而暂时中断生活来源的劳动者提供物质帮助的制度。它是社会保障体系的重要组成部分，是社会保险的主要项目之一。

**2. 享受失业保险待遇的基本条件**

在我国，失业人员在满足：非因本人意愿中断就业；已办理失业登记，并有求职要求；按照规定参加失业保险，所在单位和本人已按照规定履行缴费义务满 1 年三个条件后，方可享受失业保险待遇。

失业保险待遇内容主要涉及以下几个方面：①按月领取的失业保险金，即：失业保险经办机构按照规定支付给符合条件的失业人员的基本生活费用。②领取失业保险金期间的医疗补助金，即：支付给失业人员领取失业保险金期间发生的医疗费用的补助。③失业人员在领取失业保险金期间死亡的丧葬补助金和供养其配偶直系亲属的抚恤金。④为失业人员在领取失业保险金期间开展职业培训、介绍的机构或接受职业培训、介绍的本人给予补偿，帮助其再就业。

**3. 失业保险条例**

《失业保险条例》规定失业保险基金由下列各项构成：①城镇企业事业单位、城镇企业事业单位职工缴纳的失业保险费；②失业保险基金的利息；③财政补贴；④依法纳入失业保险基金的其他资金。

根据《失业保险条例》（国务院令第 258 号）对失业保险费缴纳的规定，城镇企业事业单位按照本单位工资总额的百分之二缴纳失业保险费；城镇企业事业单位职工按照本人工资的百分之一缴纳失业保险费；城镇企业事业单位招用的农民合同制工人本人不缴纳失业保险费。累计缴费时间满 1 年不足 5 年的，领取失业保险金的期限最长为 12 个月；累计缴费时间满 5 年不足 10 年的，领取失业保险金的期限最长为 18 个月；累计缴费时间 10 年以上的，领取失业保险金的期限最长为 24 个月。

### 五、工伤保险基金

**1. 工伤保险制度**

工伤保险又称职业伤害保险，是劳动者在工作中或法定的特殊情况下发生意外事故，或因职业性有害因素危害，而负伤、患职业病、致残、死亡时，对其本人或其供养的亲属给予物质帮助和经济补偿的一项社会保险。

**2. 工伤保险的适用情形**

工伤保险的适用情形分为"应当认定为工伤"与"视同工伤"两种。应当认定为工伤的情形包括：①在工作时间和工作场所内，因工作原因受到事故伤害的；②工作时间前后在工作场所内，从事与工作有关的预备性或者收尾性工作受到事故伤害的；③在工作时间和工作场所内，因履行工作职责受到暴力等意外伤害的；④患职业病的；⑤因工外出期间，由于工作原因受到伤害或者发生事故下落不明的；⑥在上下班途中，受到机动车事故伤害的。

视同工伤的情形包括：①在工作时间和工作岗位，突发疾病死亡或者在 48 小时之内经抢救无效死亡的；②在抢险救灾等维护国家利益、公共利益活动中受到伤害的；③职工原在军队服役，因战、因公负伤致残，已取得革命伤残军人证，到用人单位后旧伤复发的。

不得认定为工伤或者视同工伤：①因犯罪或者违反治安管理伤亡的；②醉酒导致伤亡的；③自残或者自杀的；④蓄意违章造成伤亡的，蓄意违章是专指十分恶劣、有主观愿望和目的的行为。

工伤认定的时效为：用人单位自发生伤害或被诊断、鉴定为职业病之日起 30 日内申请工伤认定；单位不申请认定的，劳动者应在一年内向劳动保障行政部门申请认定。

**3. 工伤保险条例**

根据国务院《工伤保险条例》的规定，工伤保险待遇项目和标准如下：①治（医）疗费；②住院伙食补助费；③外地就医交通费、食宿费；④康复治疗费；⑤辅助器具费；⑥停工留薪期工资；⑦生活护理费；⑧一次性伤残补助金；⑨伤残津贴；⑩一次性伤残就业补助金和一次性工伤医疗补助金；⑪丧葬补助金；⑫供养亲属抚恤金；⑬一次性工亡补助金。

享受工伤保险待遇有一定的条件，这些条件，比如必须由社会保险行政部门认定为工伤，享受伤残待遇必须由鉴定机构进行伤残等级的鉴定等等。如果条件不成就或者丧失后，那么职工的工伤保险待遇就可能终止或者丧失。停止享受工伤保险待遇的情形包括：①丧失享受待遇条件的；②拒不接受劳动能力鉴定的；③拒绝治疗的；④被判刑正在收监执行的。

**4. 建筑业强制实施工伤保险的新规定**

2015 年 1 月，国家人社部会同住建部、安监总局、全国总工会联合出台《关于进一步做好建筑业工伤保险工作的意见》，全国 3600 万建筑业农民工将被纳入工伤保险。

建筑业目前从业人员近 4500 万人，其中 80％是农民工。高达九成的农民工既无劳动合同，又无工伤保险，受伤的工人难以获得法律救济。意见出台之前的工伤认定鉴定程序和法律程序的复杂也加剧了维权的难度。要走完一个完整的工伤维权程序，总共需要 3 年 9 个月，最长甚至要 6 年 7 个月。由于建筑业农民工文化水平整体偏低，维权意识差，被迫选择与企业主"私了"的现象普遍，依法应得的工伤待遇被不同程度地打了折扣。

《关于进一步做好建筑业工伤保险工作的意见》（以下简称《意见》）明确，建筑施工企业对企业固定职工要按用人单位方式参加工伤保险；对不能按用人单位参保的用工特别是农民工，可以按建设项目方式参保，并可在各项社保中优先办理参加工伤保险手续。对未提交按项目参加工伤保险证明、安全施工措施未落实的项目，不予核发施工许可证。明确了工伤保险费计缴方式，确保了缴费资金来源：以项目为单位参保的，可按工程总造价一定比例计算缴纳工伤保险费；建设单位要在工程概算中将工伤保险费单独列支，作为不可竞争费参与竞标，并在开工前由施工总承包企业一次性代缴。

为避免项目竣工后才完成工伤认定鉴定的工伤职工工伤保险待遇不落实的问题，《意见》规定，对在参保项目施工期间发生工伤、项目竣工时尚未完成工伤认定鉴定的，均依法享受各项工伤保险待遇。补充完善了工伤保险基金先行支付的条件：未参保的建设项目，其职工发生工伤的，依法由用人单位支付工伤待遇，同时施工总承包单位和建设单位承担连带支付责任；如上述单位不支付，由工伤保险基金先行支付并依法向上述单位追偿。

# 第九章 安　全　生　产

安全生产事关人民群众生命财产安全，事关改革发展与社会稳定大局。近年来，随着建筑行业的蓬勃发展，其面临的安全生产问题也越来越严峻。安全生产状况与安全生产法治建设密切相关。本章通过对《安全生产法》、《建筑法》、《建筑工程安全生产管理条例》、《生产经营单位安全培训规定》等相关法律知识的梳理，明确了生产经营单位的安全生产保障责任与建筑业从业人员的权利义务，探讨了安全生产的监督管理与安全生产法律责任的承担，并进一步对安全生产事故的应急救援与调查处理进行了探索。

## 第一节 基　本　原　则

安全生产是指在生产经营活动中，为了避免造成人员伤害和财产损失的事故而采取相应的事故预防和控制措施，以保证从业人员的人身安全，保证生产经营活动得以顺利进行的相关活动。一般涉及在劳动生产过程中的人身安全、设备和产品安全，以及交通运输安全等。主要遵从以下基本原则：

"以人为本"的原则：要求在生产过程中，必须坚持"以人为本"的原则。在生产与安全的关系中，一切以安全为重，安全必须排在第一位。必须预先分析危险源，预测和评价危险、有害因素，掌握危险出现的规律和变化，采取相应的预防措施，将危险和安全隐患消灭在萌芽状态。

"谁主管、谁负责"的原则：安全生产的重要性要求主管者也必须是责任人，要全面履行安全生产责任。

"管生产必须管安全"的原则：指工程项目各级领导和全体员工在生产过程中必须坚持在抓生产的同时抓好安全工作。他实现了安全与生产的统一，生产和安全是一个有机的整体，两者不能分割更不能对立起来，应将安全寓于生产之中。

"安全具有否决权"的原则：指安全生产工作是衡量工程项目管理的一项基本内容，它要求对各项指标考核，评优创先时首先必须考虑安全指标的完成情况。安全指标没有实现，即使其他指标顺利完成，仍无法实现项目的最优化，安全具有一票否决的作用。

"三同时"原则：基本建设项目中的职业安全、卫生技术和环境保护等措施和设施，必须与主体工程同时设计、同时施工、同时投产。

"四不放过"原则：事故原因未查清不放过，当事人和群众没有受到教育不放过，事故责任人未受到处理不放过，没有制订切实可行的预防措施不放过。"四不放过"原则的支持依据是《国务院关于特大安全事故行政责任追究的规定》（国务院令第302号）

"三个同步"原则：安全生产与经济建设、深化改革、技术改造同步规划、同步发展、同步实施。

"五同时"原则：企业的生产组织及领导者在计划、布置、检查、总结、评比生产工作的同时，计划、布置、检查、总结、评比安全工作。

## 第二节　安全生产责任制

安全生产责任制是根据我国的安全生产方针"安全第一，预防为主，综合治理"和安全生产法规建立的各级领导、职能部门、工程技术人员、岗位操作人员在劳动生产过程中对安全生产层层负责的制度。安全生产责任制是企业岗位责任制的一个组成部分，是企业中最基本的一项安全制度，也是企业安全生产、劳动保护管理制度的核心。实践证明，凡是建立、健全了安全生产责任制的企业，各级领导重视安全生产、劳动保护工作，切实贯彻执行党的安全生产、劳动保护方针、政策和国家的安全生产、劳动保护法规，在认真负责地组织生产的同时，积极采取措施，改善劳动条件，工伤事故和职业性疾病就会减少。反之，就会职责不清，相互推诿，而使安全生产、劳动保护工作无人负责，无法进行，工伤事故与职业病就会不断发生。

安全生产责任制是企业职责的具体体现，也是企业管理的基础。是以制度的形式明确规定企业内各部门及各类人员在生产经营活动中应负的安全生产责任，是企业岗位责任制的重要组成部分，也是企业最基本的制度。

安全生产责任制是贯彻"安全第一、预防为主"方针的体现，是生产经营单位最基本的制度之一，是所有安全生产制度的核心制度。它使职责变为每一个职务人的责任，用书面加以确定的一项制度。

安全生产责任必须"纵向到底，横向到边"，这就明确指出了安全生产是全员管理。"纵向到底"就是生产经营单位从董事长、总经理直至每个操作工人，都应有各自己明确的安全生产责任；各业务部门都应对自己职责范围内的安全生产负责，这就从根本上明确了安全生产不是哪一个人的事，也不只是安全部门一家的事，而是事关全局的大事，这体现了"安全生产，人人有责"的基本思想。"横向到边"，这里分为四个层面，就是：决策层、管理层、执行层、操作层。

## 第三节　建设单位的安全责任

### 一、建设单位应当如实向施工单位提供有关施工资料

作为负责建设工程整体工作的一方，提供真实、准确、完整的建设工程各个环节所需的基础资料是建设单位的基本义务。《建设工程安全生产管理条例》第六条规定，建设单位应当向施工单位提供施工现场及毗邻区域内供水、排水、供电、供气、供热、通信、广播电视等地下观测资料，相邻建筑物和构筑物、地下工程的有关资料，并保证资料的真实、准确、完整。这里强调了4个方面的内容：一是施工资料的真实性，不得伪造、篡改；二是施工资料的科学性，必须经过科学论证，数据准确；三是施工资料的完整性，必须齐全，能够满足施工需要；四是有关部门和单位应当协助提供施工资料，不得推诿。

## 二、建设单位不得向有关单位提出非法要求，不得压缩合同工期

《建设工程安全生产管理条例》第七条规定，建设单位不得对勘察、设计、施工、工程监理等单位提出不符合建设工程安全生产法律、法规和强制性标准规定的要求，不得要求压缩合同工期。

（1）遵守建设工程安全生产法律、法规和安全标准，是建设单位的法定义务。进行建筑活动，必须严格遵守法定的安全生产条件，依法进行建设施工。违法从事建设工程建设，将要承担法律责任。

（2）要求勘察、设计、施工、工程监理等单位违法从事有关活动，必然会给建设工程带来重大结构性的安全隐患和施工中的安全隐患，容易造成事故。建设单位不得为了盲目赶工期简化工序，粗制滥造，或留下建设工程安全隐患。

（3）压缩合同工期必然带来事故隐患，必须禁止。压缩工期是建设单位为了早发挥效益，迫使施工单位增加人力、物力，损害承包方利益，其结果是赶工期、简化工序和违规操作，诱发很多事故，或留下了结构性安全隐患。确定合理工期是保证建设施工安全和质量的重要措施。合理工期应经双方充分论证、协商一致确定，具有法律效力。要采用科学合理的施工工艺、管理方法和工期定额，保证施工质量和安全。

（4）必须保证必要的安全投入。《建设工程安全生产管理条例》第八条规定：建设单位在编制工程概算时，应当确定建设工程安全作业环境及安全施工所需要费用，对《安全生产法》第十八条规定的具体落实。《安全生产法》第十八条规定："生产经营单位应当具备的安全生产条件所必需的资金投入，由生产经营单位的决策机构、主要负责人或个人经营的投资人予以保证，并对由于安全生产所必需的资金投入不足导致的后果承担责任。"要保证建设是施工安全，必须要有相应的资金投入。安全投入不足的直接结果，必然是降低工程造价，不具备安全生产条件，甚至导致建设施工事故的发生。工程建设中改善安全作业环境、落实安全生产措施及其相应资金一般由施工单位承担，但是安全作业环境及施工措施所需的费用应由建设单位承担。一是安全作业环境及施工措施所需费用是保证建设工程安全和质量的重要条件，该项费用已纳入工程总造价，应由建设单位支付。二是建设工程产品单一、体积庞大、露天生产、高处作业、环境多变、作业危险复杂，要保证安全生产，必须有大量的资金投入，应由建设单位支付。安全作业环境和施工措施所需费用应当符合《建设工程安全检查标准》的要求，建设单位应当据此承担的安全施工措施费用，不得随意降低费用标准。

## 三、不得明示或暗示施工单位购买不符合安全要求的设备、设施、器材和用具

《安全生产法》第三十一条规定，国家对严重危及生产安全的工艺、设备实行淘汰制度。生产经营单位不得使用国家明令淘汰、禁止使用的危及生产安全的工艺、设备。

《建设工程安全生产管理条例》第九条进一步规定，建设单位不得明示或暗示施工单位购买、租赁、使用不符合安全施工要求的安全防护用具、机械设备、施工机具及配件、消防设施和器材，并规定了相应的法律责任。

### 四、开工前报送有关安全施工措施的资料

依照《建设工程安全生产管理条例》第十条规定，建设单位在申请领取施工许可证时，应当提供建设工程有关安全施工措施的资料。依法批准开工报告的建设工程，建设单位应当自开工报告批准之日起 15 日内，将保证安全施工的措施报送建设工程所在地的县级以上人民政府建设行政主管部门或其他有关部门备案。

建设单位在申请领取施工许可证前，应当提供安全施工措施的资料：

(1) 施工现场总平面布置图。

(2) 临时设施规划方案和已搭建情况。

(3) 施工现场安全防护设施，防护网、棚搭设、设置计划。

(4) 施工进度计划，安全措施费用计划。

(5) 施工组织设计，方案、措施。

(6) 拟进入现场使用的起重机械设备，塔式起重机、物料提升机、外用电梯的型号、数量。

(7) 工程项目负责人、安全管理人员和特种作业人员持证上岗情况。

(8) 建设单位安全监督人员和工程监理人员的花名册。

## 第四节　勘察、设计及工程监理等单位的安全责任

### 一、勘察单位的安全责任

(1) 勘察单位的注册资本、专业技术人员、技术装备和业绩应当符合规定。

(2) 勘察必须满足工程强制性标准的要求。工程建设强制性标准是指工程建设标准中直接涉及人民生命财产安全、人身健康、环境保护和其他公共利益的、必须强制执行的条款。如房屋建筑部分的工程建设强制性标准主要由建筑设计、建筑防火、建筑设备、勘察和地质基础、结构设计、房屋抗震设计、结构鉴定和加固、施工质量和安全等 8 方面相关标准组成。

(3) 勘察单位提供的勘察文件应当真实、准确，满足安全生产的要求。勘察单位对提供的勘察成果的真实性和准确性负责。

(4) 勘察单位应当严格执行操作规程、采取措施保证各类管线、设施和周边建筑物、构筑物的安全。一是勘察单位应当按照国家有关规定，制定勘察操作规程和勘察钻机、精探车、经纬仪等设备和检测仪器的安全操作规程，并严格遵守，防止生产安全事故的发生。二是勘察单位应当采取措施，保证现场各类管线、设施和周边建筑物、构筑物的安全。

### 二、设计单位的安全责任

建设工程设计是指根据建设工程的要求，对建设工程所需的技术、经济、资源、环境等条件进行综合分析、论证，编制建设工程设计文件的活动。

(1) 设计单位必须依据《建设工程勘察设计企业资质管理规定》取得相应的等级资质证书在许可范围内承揽设计业务。

（2）设计单位必须依法和标准进行设计，保证设计质量和施工安全。

（3）设计单位应当考虑施工安全和防护需要，对涉及施工安全的重点部位和环节在设计文件中注明，并对防范生产安全事故提出指导意见。

《建筑法》第三十七条规定："建筑工程设计应当符合按照国家规定制定的建筑安全规程和技术规范，保证工程的安全性能"。下列涉及施工安全的重点部位和环节应当在设计文件中注明，施工单位作业前，设计单位应当就设计意图、设计文件向施工单位做出说明和技术交底，并对防范生产安全事故提出指导意见。

（1）地下管线的防护、地下管线的种类和具体位置、地下管线的安全保护措施；

（2）外电防护，外电与建筑物的距离、外电电压、应采用的防护措施、设置防护设施施工时应注意的安全作业事项、施工作业中的安全注意事项等；

（3）深基坑工程，基坑侧壁选用的安全系数、护壁、支护结构选型、地下水控制方法及验算、承载能力极限状态和正常状态的设计计算和验算、支护结构计算和验算、质量检测及施工监控要求、采取的方式方法、安全防护设施的设置以及安全作业注意事项等，对于特殊结构的混凝土模板支护，设计单位应当提供模板支撑系统结构图及计算书；

（4）采用新结构、新材料、新工艺的建设工程以及特殊结构的工程，设计单位应当提出保障施工作业人员安全和预防生产安全事故的措施建议；

（5）设计单位和注册建筑师等注册执业人员应当对其设计负责，按照"谁设计谁负责"的原则，设计单位和注册建筑师等注册执业人员应当对其设计质量负责。《建筑法》第七十三条规定，建筑设计单位不按照建筑工程质量、安全标准进行设计的，责令改正，处以罚款，造成工程质量事故的，责令停业整顿，降低资质等级或吊销资质证书，没收违法所得，并处罚款，造成损失的，承担赔偿责任，构成犯罪的，依法追究刑事责任。

### 三、工程监理单位的安全责任

工程监理是工程监理单位受建设单位委托，依据法律、法规及有关的技术标准、设计文件和建设工程承包合同、委托监理合同，代表建设单位对承包单位在施工质量、建设工期、建设资金使用等方面实施监督管理的活动。

（1）工程监理单位应当审查施工组织设计中的安全技术措施或专项施工方案是否符合工程建设强制性标准。

（2）工程监理单位在实施监理过程中，发现事故隐患的，应当要求施工单位整改，情节严重的，应当要求施工单位停止施工，并及时报告建设单位。施工单位拒不整改或不停止施工的，工程监理单位应当及时向有关主管部门报告。

（3）工程监理单位和监理工程师应当按照法律、法规和工程建设强制性标准实施监理，对建设工程安全生产承担监理职责。

## 第五节　设备租赁安拆服务等单位的安全责任

### 一、提供机械设备和配件的单位的安全责任

为建设工程提供机械设备和配件的单位，应当按照安全施工的要求配备齐全有效的保

险、限位等安全设施和装置。一是向施工单位提供安全可靠的机械设备。二是应当依照国家有关法律、法规和安全技术规范进行有关机械设备和配件的生产经营活动。机械设备和配件的生产制造单位应当严格按照国家标准进行生产，保证产品的质量和安全。三是施工机械的安全保护装置应当符合国家和行业有关技术标准和规范的要求。对配件的生产与制造，应当符合设计要求，并保证质量和安全性能可靠。在施工过程中，严禁拆除机械设备上的自动控制机构、力矩限位器等安全装置，不得拆除监测、指示、仪表、警报器等自动报警、信号装置。为建设工程提供机械设备和配件的单位，应当对其提供的施工机械设备和配件等产品的质量和安全性能负责，对因产品质量造成生产安全事故的，应当承担相应的法律责任。

## 二、出租单位的安全责任

一是出租机械设备、施工机具及配件，应当具有生产制造许可证、产品合格证。二是应当对出租机械设备、施工机具及配件的安全性能进行检测，在签订租赁协议时，应当出具检测合格证明。三是禁止出租检测不合格的机械设备、施工机具及配件。四是随机械设备提供的操作人员应经过专业培训合格，具备岗位能力，属于特种设备岗位的，还应符合从业准入规定的资格。

## 三、现场安装、拆卸施工起重机械设施单位的安全责任

一是在施工现场安装、拆卸施工起重机械和整体提升脚手架、模板等自升式架设设施，必须由具有相应的资质的单位承担。二是安装、拆卸起重机械、整体提升脚手架、模板等自升式架设设施，应当编制拆装方案、制定安全施工措施，并由专业技术人员现场监督，使用经过岗位培训能力合格的作业人员实施。三是施工起重机械、整体提升脚手架、模板等自升式架设设施安装完毕后，安装单位应当自检，出具自检合格证明，并向施工单位进行安全使用说明，办理验收手续并签字。

《建设工程安全生产管理条例》规定，施工起重机械、整体提升脚手架、模板等自升式架设设备的使用达到国家规定的检验检测期限的，必须经具有专业资质的检验检测机构检测。经检测不合格的，不得继续使用。检验检测机构对检测合格的施工起重机械和整体提升脚手架、模板等自升式架设设备，应当出具安全合格证明文件，并对检测结果负责。

## 四、施工单位的安全责任

### 1. 建筑工程施工现场的安全生产责任体制

建筑工程施工现场，是指进行工业和民用项目的房屋建筑、土木工程、设备安装、管线敷设等施工活动，经批准占用的施工场地。建筑施工现场安全由建筑施工企业负责。实行施工总承包的，由总承包单位负责。分包单位向总承包单位负责，服从总承包单位对施工现场的安全生产管理。建筑施工企业的法定代表人对本企业的安全生产负责。项目经理全面负责施工过程中的现场管理，并根据工程规模、技术复杂程度和施工现场的具体情况，建立及实施施工现场管理责任制。

### 2. 建筑工程施工单位对劳动安全卫生设施的安全生产责任

劳动安全卫生设施的施工与建设，是整个建筑活动的重要环节，关系到建筑工程施工

中危险因素的控制，关系到建筑工程安全生产能否实现。建筑工程施工单位应严格按照施工图纸和设计要求，确实做到建设项目的劳动安全卫生设施与主体工程同时施工，并确保劳动安全卫生设施的工程质量。

**3. 建筑工程施工单位编制施工组织设计时的安全生产责任**

施工组织设计，又称施工组织规划，是建筑工程施工单位为做好施工准备、指导施工现场工作而编制的技术、经济性文件。施工组织设计是建筑工程施工单位进行施工的准备文件，是保证建筑工程的质量与安全、做到及时合理施工的前提条件，因此，建筑施工企业在施工准备阶段，必须进行施工组织设计的编制。根据《建筑法》第38条，建筑施工企业在编制施工组织设计时，应当根据建筑工程的特点制定相应的安全技术措施；对专业性较强的工程项目，应当编制专项安全施工组织设计，并采取安全技术措施。这里的"安全技术措施"，是指能够消除或控制建筑生产过程中已知的或可能出现的危险因素的技术性措施。安全技术措施的制定必须与建筑工程相配套，并能够解决可能出现的问题，具有针对性及可实施性。

**4. 建筑工程施工单位在施工现场的安全生产责任**

根据《建筑法》第39条，建筑施工企业应当在施工现场采取维护安全、防范危险、预防火灾等措施；有条件的，应当对施工现场实行封闭管理。施工现场对毗邻的建筑物、构筑物和特殊作业环境可能造成损害的，建筑施工企业应当采取安全防护措施。

建筑工程施工单位在施工现场的安全生产责任主要有：①制定和执行施工现场的劳动安全保护制度。建筑工程施工单位必须执行国家有关安全生产和劳动保护的法规，建立安全生产责任制，加强规范化管理，进行安全交底、安全教育和安全宣传，严格执行安全技术方案。施工现场的各种安全设施和劳动保护器具，必须定期进行检查和维护，及时消除隐患，保证其安全有效。②建立和执行防火制度和措施。建筑工程施工单位应当严格依照《消防法》的规定，在施工现场建立和执行防火管理制度，设置符合消防要求的消防设施，并保持完好的备用状态。在容易发生火灾的地区施工或者储存、使用易燃易爆器材时，建筑工程施工单位应当采取特殊的消防安全措施。③对爆破作业的管理。建筑工程施工中需要进行爆破作业的，必须经上级主管部门审查同意，并持说明使用爆破器材的地点、品名、数量、用途、四邻距离的文件和安全操作规程，向所在地县、市公安局申请《爆破物品使用许可证》，方可使用爆破物。进行爆破作业时，必须遵守爆破安全规程。④架设临时电网、移动电缆的安全操作。建筑工程施工中需要架设临时电网、移动电缆等时，需要具备相应的专业知识，建筑工程施工单位应当向有关主管部门提出申请，经批准后在有关专业技术人员的指导下进行，以保障架设活动的安全进行。⑤减少因施工给周边单位和个人带来的不便。建筑工程施工中需要停水、停电、封路而影响到施工现场周围地区的单位和居民时，必须经有关主管部门批准，并事先通告受影响的单位和居民。⑥保护地下文物或地下管线。建筑工程施工单位进行地下工程或者基础工程施工时，发现文物、古化石、爆炸物、电缆等应当暂停施工，保护好现场，并及时向有关部门报告，在按照有关规定处理后，方可继续施工。⑦合理安排场内布置，保障安全。建筑工程施工单位应当按照施工总平面布置图设置各项临时设施、堆放大宗材料、成品、半成品和机具设备，不得侵占场内道路及安全防护等设施，确保安全防护设施在紧急状况下能够发挥作用。⑧施工现场安全用电。电，是进行建筑施工所不可或缺的，同时也具有极大的危险性，施工过程中应当尤其注意用电安全。施工现场的用电线路、用电设施的安装和使用必须符合安装规范和安全操作规程，并按照施工组织设计进行架设，严禁任意拉线接电。施工现场必须设有保证施工安全要求的夜间照明；危险潮湿场所的照明以及手持照明灯具，必须采用符合安全要求的电压。⑨施工机械的安全使用。施工机械应当按照施工总平面布置图规定的位置和线路设置，不得任意侵占场内道路。施工机械往往形体巨大，操作有一定的难度，操作不当易造成人身、财产的伤亡与损失，故进入施工现场的施工机械须经过安全检查，经检查合格的方能使用。另外，建筑工程施工单位还应建立施工机械操作的规章制度，要求施工机械操作人员必须建立机组责任制，并依照有关规定持证上岗，禁止无证人员操作，减少因操作机械不当而造成的人员伤亡。⑩清理整洁施工现场。建筑工程施工单位应该保证施工现场道路畅通，排水系统处于良好的使用状态；保持场容场貌的整洁，随时清理建筑垃圾。在车辆、行人通行的地方施工，应当设置沟井坎穴覆盖物和施工标志，警醒路人注意施工正在进行中，提高安全意识。⑪保障职工生活的安全卫生。施工现场应当设置各类必要的职工生活设施，并符合卫生、通风、照明等要求，职工的膳食、饮水供应等应当符合卫生要求。⑫做好施工现场的安全保卫工作。建设单位或者施工单位应当做好施工现场安全保卫工作，采取必要的防盗措施，在现场周边设立围护设施。施工现场在市区的，周围应当设置遮挡围栏，临街的脚手架也应当设置相应的围护设施，防止高空坠物砸伤行人，并保护施工人员的施工安全。此外，非施工人员由于不具有施工经验，缺乏施工应具备的安全意识，不得擅自进入施工现场，否则会增加不安全因素，扰乱施工现场的工作秩序，增加安全隐患。

**5. 建筑工程施工单位对施工作业人员的安全管理**

安全施工，关键在施工人员的管理与培训，建筑工程施工单位应当注重对施工人员的安全管理，建立健全劳动安全生产教育培训制度，提高职工安全生产技能，增强职工安全生产意识，最终达到提高建筑施工质量的目的。

（1）建立健全劳动安全生产教育培训制度

建筑施工企业应当建立健全劳动安全生产教育培训制度，加强职工安全生产教育培训，未经岗位能力知识体系培训合格并通过安全生产教育培训的人员，不得上岗作业。安全生产教育培训，是安全生产管理的重要内容，主要包括相关安全生产法律、法规、规章的宣传与教育，相关建筑安全知识与技能的教育以及安全生产意识与责任感的培养等。

（2）按照安全生产规章作业

建筑施工企业和作业人员在施工过程中，应当遵守有关安全生产的法律、法规和建筑行业安全规章、规程，不得违章指挥或者违章作业。施工企业组织施工作业任务前，应向作业人员进行施工工法培训、施工方案技术交底，必要的安全告知，传达事故应急预案，并落实必要的施工范围内清场及围护设施。建筑工程施工单位对作业人员的指挥与管理，不能凌驾于安全生产法律、法规及规章之上，作业人员有权对影响人身健康的作业程序和作业条件提出改进意见，有权获得安全生产所需的防护用品，有权对危及生命安全和人身健康的行为提出批评、检举和控告。

（3）按规定为职工办理意外伤害保险

建筑工程施工单位必须为从事危险作业的职工办理意外伤害保险，支付保险费。应当注意的是，此处的意外伤害保险属于强制性保险，无论施工单位的安全管理机制多么完善。办理意外伤害保险，是切实保障职工人身利益的措施，体现了我国建筑安全生产管理的力度。

**6. 建筑工程施工单位在建筑装饰装修及房屋拆除中的安全生产责任**

建筑装饰装修及房屋拆除的实施中，也会涉及安全问题，虽然不如整体施工的危险因素多，也并不复杂，但仍应重视。

（1）遵循有关程序和安全标准、施工规程

建筑工程施工单位必须按照基本建设管理程序办事，按照有关规定承接装饰装修施工任务，严格执行建筑装饰装修的质量检验评定标准、施工安全技术规范及验收规范等有关标准和规定。

（2）不得擅自改变设计图纸

建筑装饰装修企业必须按照图纸施工，不得擅自改变设计图纸。否则，不仅会使设计图纸具有不确定性，更增添了建筑施工的不安全性。

（3）装饰装修危旧房屋的技术要求

对严重损坏和有险情的房屋，应当先修缮加固，达到居住和使用安全条件后，方可进行装饰装修。整栋危险房屋不得装饰装修。

（4）遵守建筑装饰装修防火规范

建筑装饰装修施工中用到的材料往往属于易燃物质，涉及装饰装修材料的储存、使用等环节，火灾隐患较多，需要注意防火。建筑装饰装修施工和材料使用，必须严格遵守建筑装饰装修防火规范。

（5）房屋拆除中的安全管理

房屋拆除应当由具备保证安全条件的建筑工程施工单位承担，由建筑工程施工单位负责人对安全负责。具备保证安全条件的建筑工程施工单位，应当具有采取房屋拆除安全技术的能力，并具有相应岗位能力的人员。房屋拆除由符合条件的建筑工程施工单位承担，有助于控制施工中的危险因素，保障施工安全。

## 五、建筑从业人员的安全生产培训

提高从业人员安全素质的重要措施之一，就是加强并强制进行全员安全教育和培训。《安全生产法》、《生产经营单位安全生产培训规定》以及《特种作业人员安全技术培训考核管理规定》等法律法规对建筑从业人员的安全生产培训做出了规定。

**1. 生产经营单位应当对从业人员进行安全教育和岗位培训**

法律将对从业人员进行全员安全教育和培训，设定为生产经营单位的一项重要义务，必须按照有关规定对新招收录用、重新上岗、转岗的从业人员进行安全教育和培训，并要求考试合格，保证从业人员的安全专业知识和安全技能与其从事的作业要求相适应。生产经营单位要制定安全教育和培训计划，采取多种形式，有计划、分期分批地开展教育和培训，保证培训时间、培训内容、培训质量。生产经营单位应当建立健全安全培训制度，加强对从业人员的安全培训，提高从业人员安全素质和技能，从而促进安全生产。为此《生产经营单位安全培训规定》规定：具备安全培训条件的生产经营单位，应当以自主培训为主；可以委托具备安全培训条件的机构，对从业人员进行安全培训。不具备安全培训条件的生产经营单位，应当委托具备安全培训条件的机构，对从业人员进行安全培训。生产经营单位应当按照安全生产法和有关法律、行政法规和本规定建立健全安全培训工作制度。

**2. 建筑从业人员的基本培训要求**

《生产经营单位安全培训规定》规定：生产经营单位应当进行安全培训的从业人员包括主要负责人、安全生产管理人员、特种作业人员和其他从业人员。生产经营单位从业人员应当接受安全培训，熟悉有关安全生产规章制度和安全操作规程，具备必要的安全生产知识，掌握本岗位的安全操作技能，增强预防事故、控制执业危害和应急处理的能力。未经安全生产培训合格的从业人员，不得上岗作业。

依据此规定，对建筑从业人员的基本要求有：①学习必要的安全生产知识。一是学习有关安全生产法律、法规，了解和掌握有关法律规定，依法从事生产经营作业。二是学习有关生产经营作业过程中的安全知识。三是有关事故应急救援和撤离的知识。在从业人员的生命受到威胁的紧急情况下，必须具备有关紧急处置知识和自救知识，以便停止作业，紧急撤离到安全地点，防止人身伤害；②清楚岗位危险有害因素，熟悉有关安全生产规章制度和安全操作规程；③掌握本岗位安全操作技能。

经过教育和培训，要达到从业人员掌握本岗位安全操作技能的目的。这也是检验和考核生产经营单位安全教育和培训质量和效果的主要标准。

**3. 新工人上岗培训**

《生产经营单位安全培训规定》第十四条规定："加工、制造业等生产单位的其他从业人员在上岗前必须经过厂（矿）、车间（工段、区、队）、班组三级安全培训教育。生产经营单位可以根据工作性质对其他从业人员进行安全培训，保证其具备本岗位安全操作、应急处置等知识和技能。"《生产经营单位安全培训规定》第十五条规定："生产经营单位新上岗的从业人员，岗前培训时间不得少于24学时。煤矿、非煤矿山、危险化学品、烟花爆竹等生产经营单位新上岗的从业人员安全培训时间不得少于72学时，每年接受再培训的时间不得少于20学时。"

依据《生产经营单位安全培训规定》第十六条规定厂（矿）级岗前安全培训内容包括：①本单位安全生产情况及安全生产基本知识；②本单位安全生产规章制度和劳动纪律；③从业人员安全生产权利和义务；④有关事故案例等。车间（工段、区、队）级岗前安全培训内容包括：①工作环境及危险因素；②所从事工种可能遭受的职业伤害和伤亡事故；③所从事工种的安全职责、操作技能及强制性标准；④自救互救、急救方法、疏散和现场紧急情况的处理；⑤安全设备设施、个人防护用品的使用和维护；⑥本车间（工段、区、队）安全生产状况及规章制度；⑦预防事故和职业危害的措施及应注意的安全事项；⑧有关事故案例；⑨其他需要培训的内容。班组级岗前安全培训内容包括：岗位安全操作规程、岗位之间工作衔接配合的安全与职业卫生事项、有关事故案例。

从业人员调整工作岗位或离岗一年以上重新上岗，必须进行相应的安全培训。生产经营单位采用新工艺、新技术、新材料，也必须对相应的从业人员进行专门安全培训。《生产经营单位安全培训规定》第十九条规定："从业人员在本生产经营单位内调整工作岗位或离岗一年以上重新上岗时，应当重新接受车间（工段、区、队）和班组级的安全培训。生产经营单位实施新工艺、新技术或使用新设备、新材料时应当对有关从业人员重新进行有针对性的安全培训。"

### 4. 特种作业人员培训

《特种作业人员安全技术培训考核管理规定》的特种作业范围共 10 个作业类别。这些特种作业具备以下特点：一是独立性。必须是独立的岗位，由专人操作的作业，操作人员必须具备一定的安全生产知识和技能。二是危险性。必须是危险性较大的作业，如果操作不当，容易对不特定的多数人或物造成伤害，甚至发生重特大伤亡事故。三是特殊性。从事特种作业的人员不能很多，不然难以管理，也体现不出特殊性。总体上讲每个类别的特种作业人员一般不超过该行业或领域全部从业人员的 30%。

《特种作业人员安全技术培训考核管理规定》第三条规定："本规定所称特种作业，是指容易发生事故，对操作者本人、他人的安全健康及设备、设施的安全可能造成重大危害的作业。特种作业的范围由特种作业目录规定。本规定所称特种作业人员是指直接从事特种作业的从业人员。"特种作业人员的范围实行目录管理，根据安全生产工作的需要适时调整。

依据《特种作业人员安全技术培训考核管理规定》的目录规定，目前特种作业人员共十大类，分别是：①电工作业。电工作业是指对电气设备进行运行、维护、安装、检修、改造、施工、调试等作业，不含电力系统进网作业，具体包括：高压电工作业、低压电工作业和防爆电气作业等三小类。②焊接与热切割作业。焊接与热切割作业是指运用焊接或热切割方法对材料进行加工的作业，具体包括：熔化焊接与热切割作业、压力焊作业、钎焊作业等三小类。③高处作业。高处作业是指专门或经常在坠落高度基准面 2m 以上有可能坠落的高处进行的作业，具体包括：登高架设作业和高处安装、维护、拆除作业等两小类。④制冷与空调作业。⑤煤矿安全作业。⑥金属非金属矿山安全作业。⑦石油天然气安全作业。⑧冶金生产安全作业。⑨危险化学品安全作业。⑩烟花爆竹安全作业。

根据《行政许可法》的规定，国家对特种作业人员实施资格许可。《特种作业人员安全技术培训考核管理规定》第五条规定："特种作业人员必须经专门的安全技术培训并考核合格，取得《中华人民共和国特种作业操作证》（从业准入）后，方可上岗作业。"是强制性规定，也是行政许可。特种作业人员的安全技术培训、考核、发证、复审工作，实行统一监管、分级实施、教考分离的原则。国家安全生产监督管理总局指导、监督全国特种作业人员的安全技术培训、考核、发证、复审工作。省、自治区、直辖市人民政府安全生产监督管理部门负责本行政区域特种作业人员的安全技术培训、考核、发证、复审工作。

## 六、标志标示类重要规定

### 1. 安全警示标志的规定

为了加强作业现场的安全管理，有必要制作和设置以图形、符号、文字和色彩表示的安全警示标志，以提醒、阻止某些不安全的行为，避免发生生产安全事故。并非所有的生产经营场所和设施、设备上都需要设置安全警示标志。需要设置安全警示标志的必须规范统一，应当符合国家标准或行业标准的规定。《安全生产法》第二十八条规定："生产经营单位应当在有较大危险因素的生产经营场所和有关设施、设备上，设置明显的安全警示标志。"

安全警示标志，一般由安全色、几何图形和图形符号构成，其目的是要引起人们对危险因素的注意，预防生产安全事故的发生。根据现行有关规定，我国目前使用的安全色主要有四种：①红色，表示禁止、停止，也代表防火；②蓝色，表示指令或必须遵守的规定；③黄色，表示警告、注意；④绿色，表示安全状态、提示或通行。

我国目前常用的安全警示标志，根据其含义，也可分为四大类：①禁止标志，即圆形内划一斜杠，并用红色描画成较粗的圆环和斜杠，表示"禁止"或"不允许"的含义；②警告标志，即"△"，三角的背景用黄色，三角图形和三角内的图像均用黑色描绘，警告人们注意可能发生的各种危险；③指令标志，即"○"，在圆形内配上指令含义的颜色——蓝色，并用白色绘画必须履行的图形符号，构成"指令标志"，要求到这个地方的人必须遵守；④提示标志，以绿色为背景的长方几何图形，配以白色的文字和图形符号，并标明目标的方向，即构成提示标志，如消防设备提示标志等。

凡下列地域必须设置大幅、醒目的安全标语：①一切生产场所的大门口；②生产场所的主要道路两旁和交叉路口；③生产场所内所有易发生事故的特种作业岗位和危险区域；④企业的生产车间内和基本建设工地的在施主体工程上；⑤主管生产的领导干部办公室内和固定的职工休息场所。有夜间从事生产的企业应尽量使用带有灯光的安全标语。安全标语、安全标志的设置应醒目、牢固，字迹、图像要整齐、清晰。对字迹或图像模糊不清、残损不全等不符合规定的安全标语、安全标志，必须及时修整、更换。

**2. 安全设备达标和管理的规定**

生产经营单位安全生产管理中普遍存在的一个突出问题，是其安全设备的设计、制造、安装、使用、检测、维修、改造和报废，不符合国家标准或行业标准。许多安全设备处于不安全状态，埋下了很多事故隐患。

《安全生产法》第二十九条规定："安全设备的设计、制造、安装、使用、检测、维修、改造和报废，应当符合国家标准或行业标准。生产经营单位必须对安全设备进行经常性维护、保养并定期检测，保证正常运转。维护、保养、监测应当作好记录，并由有关人员签字。"

## 七、特种设备法对检测、检验的规定

特种设备是各种设备中技术最为复杂和用途最为特殊的，需要较高的安全性能和操作技术。经常或定期对特种设备进行检测、检验，是保证特种设备性能良好、运行正常的重要措施。根据《安全生产法》第三十条的要求，生产经营单位使用的涉及生命安全、危险性较大的特种设备，以及危险物品的容器、运输工具，必须按照国家有关规定，由专业生产单位生产并经取得专业资质的检测、检验机构检测、检验合格，取得安全使用证或安全标志，方可投入使用。国家对生产应用单位使用的涉及生命安全、危险性较大的特种设备，实行强制性检测、检验制度。对于锅炉、压力容器、压力管道、电梯、起重机械、客运索道、大型游乐设施和场内专用机动车辆等8种特种设备。

《特种设备安全监察条例》第三条第三款规定："房屋建筑工地和市政工程工地用起重机械、场内专用机动车辆的安装、使用的监督管理，由建设行政主管部门依照有关法律、法规的规定执行。"

依据《特种设备安全监察条例》的规定，特种设备生产、使用单位的主要负责人应当对本单位特种设备的安全和节能全面负责。特种设备生产单位应当依照本条例规定以及国务院特种设备安全监督管理部门制定并公布的安全技术规范的要求，进行生产活动。特种设备生产单位对其生产的特种设备的安全性能和能效指标负责，不得生产不符合安全性能要求和能效指标的特种设备，不得生产国家产业政策命令淘汰的特种设备。按照安全技术规范的要求应当进行型式试验的特种设备产品、部件或试制特种设备新产品、新部件、新材料，必须进行型式试验和能效测试。锅炉、压力容器、电梯、起重机械、客运索道、大型游乐设施及其安全附件、安全保护装置的制造、安装、改造单位以及压力管道用管子、管件、阀门、法兰、补偿器、安全保护装置的制造单位和场内专用机动车辆的制造、改造单位，应当经国务院特种设备安全监督管理部门许可，方可从事相应的活动。特种设备出厂时，应当附有安全技术规范要求的设计文件、产品质量合格证明、安装及使用维修说明、监督检验证明等文件。

生产、使用单位和特种设备检验检测机构应当接受特种设备安全监督管理部门依法进行的特种设备安全监察。特种设备检验检测机构应当依照本条例规定进行检验检测工作，对其检验检测结果、鉴定结论承担法律责任。

## 八、劳动防护用品的规定

劳动防护用品是指由生产经营单位为从业人员配备的，使其在劳动过程中免遭或减轻事故伤害及职业危害的个人防护装备。劳动防护用品分为特种劳动防护用品和一般劳动防护用品。特种劳动防护用品目录由国家安全生产监督管理总局确定并公布，未列入目录的劳动防护用品为一般劳动防护用品。

劳动防护用品是具有免受或减轻生产安全事故对从业人员作业的人身伤害的特殊用品。是否配备劳动防护用品，是否配备符合标准的劳动防护用品，是否保证从业人员能够正确地佩戴和使用劳动防护用品，直接关系到从业人员的安危。为从业人员配备符合标准的劳动防护用品是生产经营单位的法定义务，《劳动防护用品监督管理规定》第十四条规定："生产经营单位应当按照《劳动防护用品选用规则》和国家颁发的劳动防护用品配备标准以及有关规定，为从业人员配备劳动防护用品。"

《安全生产法》第三十七条及三十九条规定："生产经营单位为从业人员提供的劳动防护用品，必须符合国家标准或者行业标准，不得超过使用期限。生产经营单位应当督促、教育从业人员正确佩戴和使用劳动防护用品"。明确要求：一是生产经营单位必须为从业人员提供符合国家标准或行业标准的劳动防护用品，不符合标准的，不准提供。二是生产经营单位应当监督、教育从业人员按照使用规则佩戴、使用劳动防护用品。三是生产经营单位要安排劳动防护用品的经费。为从业人员配备符合标准的劳动防护用品需要必要的经费保证，这也是生产经营单位安全投入的一部分。

由于一些生产经营单位片面追求效益和利润，为了降低成本而使得购置劳动防护用品的经费得不到保证，因此导致从业人员的事故伤害和职业病。《劳动防护用品监督管理规定》亦对此作出了两方面的规定：①专项经费投入要求，"生产经营单位应当安排用于配备劳动防护用品的专项经费。"专项经费用于购置符合国家标准或行业标准的劳动防护用品。专项经费应当专款专用，严格管理，不得挪用。②禁止以其他方式替代劳动防护用品。

针对一些生产经营单位弄虚作假，以发给货币或其他物品替代劳动防护用品的违法行为，《劳动防护用品监督管理规定》第十五条第二款规定："生产经营单位不得以货币或其他物品替代应当按规定配备的劳动防护用品。"

## 九、其他规定

### 1. 生产设施、场所安全距离和紧急疏散的规定

为保证生产设施、作业场所与周边建筑物、设施保持安全合理的空间，确保紧急疏散人员时畅通无阻，《安全生产法》第三十四条规定："生产、经营、储存、使用危险物品的车间、商店、仓库不得与员工宿舍在同一座建筑物内，并应当与员工宿舍保持安全距离。生产经营场所与员工宿舍应当设有符合紧急疏散要求、标志明显、保持畅通的出口。禁止封闭、堵塞生产经营场所或员工宿舍的出口。"

### 2. 爆破、吊装等作业现场安全管理的规定

爆破、吊装作业属于危险作业，对其作业现场必须进行严格的安全管理。《安全生产法》第三十五条对此提出两方面要求：一是生产经营单位进行爆破、吊装等危险作业，应当安排专门人员进行现场安全管理。二是确保操作规程的遵守和安全措施的落实。要制定严格的操作规程和周密的保安措施，禁止违反规程操作和无关人员擅入现场。现场人员要明确各自的分工和安全责任，各司其职，密切协同，保证万无一失。

### 3. 交叉作业的安全管理

针对一些不同单位、不同工种的人员在同一作业区域内交叉作业，彼此之间的安全责任不明，安全管理脱节的问题，《安全生产法》第四十条规定："两个以上生产经营单位在同一作业区域内进行生产经营活动，可能危及对方生产安全的，应当签订安全生产管理协议，明确各自的安全生产管理职责和应当采取的安全措施并指定专职安全生产管理人员进行安全检查与协调。"

### 4. 生产经营项目、场所、设备发包或出租的安全管理

生产经营项目、场所有多个承包单位、承租单位的，生产经营单位应当与承包单位、承租单位签订专门的安全生产管理协议，或在承包合同、租赁合同中约定各自的安全生产管理职责，生产经营单位对承包单位、承租单位的安全生产工作统一协调、管理。

### 5. 发生重大安全事故时生产经营单位主要负责人的职责

《安全生产法》除了第十七条将"及时、如实报告生产安全事故"列为生产经营单位主要负责人的职责外，第四十二条还规定对发生重大生产安全事故时生产经营单位主要负责人一是应当立即组织抢救，尽量减少人员伤亡和财产损失，防止事故扩大。二是必须坚守岗位，积极配合事故调查，不得在事故调查处理期间擅离职守。

# 第六节   建筑从业人员的权利和义务

《安全生产法》第六条规定："生产经营单位的从业人员有依法获得安全生产保障的权利，并应当依法履行安全生产方面的义务。"

## 一、建筑从业人员的人身保障权利

### 1. 获得安全保障、工伤保险和民事赔偿的权利

《安全生产法》第四十四条规定："生产经营单位与从业人员订立的劳动合同，应当载

明有关保障从业人员劳动安全、防止职业危害的事项，以及依法为从业人员办理工伤社会保险的事项。生产经营单位不得以任何形式与从业人员订立协议，免除或减轻其对从业人员因生产安全事故伤亡依法应当承担的责任。"

第四十八条规定："因生产安全事故受到损害的人员，除依法享有获得工伤社会保险外，依照有关民事法律有获得赔偿的权利的，有权向本单位提出赔偿要求。"

第四十三条规定："生产经营单位必须依法参加工伤社会保险，为从业人员缴纳保险费。"此外，法律还对生产经营单位与从业人员订立协议，免除或减轻其对从业人员因生产安全事故伤亡依法应承担的责任的，规定该协议无效，并对生产经营单位主要负责人、个人经营的投资人处以二万元以上十万元以下的罚款。

明确了下列四个问题：①从业人员依法享有工伤保险和伤亡求偿的权利。法律规定这项权利必须以劳动合同必要条款的书面形式加以确认；②依法为从业人员缴纳工伤社会保险费和给予民事赔偿，是生产经营单位的法律义务，生产经营单位不得以任何形式免除该项义务，不得变相以抵押金、担保金等名义强制从业人员缴纳工伤社会保险费；③发生生产安全事故后，从业人员首先依照劳动合同和工伤社会保险合同的约定，享有相应的补偿金。如果工伤保险补偿金不足以补偿受害者的人身损害及经济损失的，依照有关法律应当给予赔偿的，从业人员或其亲属有要求生产经营单位给予赔偿的权利，生产经营单位必须履行相应的赔偿义务。否则，受害者或其亲属有向人民法院起诉和申请强制执行的权利；④从业人员获得工伤社会保险补偿和民事赔偿的金额标准、领取和支付程序，必须符合法律、法规和国家的有关规定。

《安全生产法》的上述规定主要是针对大量存在的"生死合同"赋予了从业人员必要的法定权利，具有操作性和不可侵犯性。《安全生产法》从法律上确定了"生死合同"的非法性，并规定了相应的法律责任，这就为从业人员的合法权利提供了法律保障，为监督管理和行政执法提供了明确的法律依据。

**2. 得知危险因素、防范措施和事故应急措施的权利**

《安全生产法》规定，生产经营单位从业人员有权了解其作业场所和工作岗位存在的危险因素及事故应急措施。要保证从业人员这项权利的行使，生产经营单位就有义务事前告知有关危险因素和事故应急措施。否则，生产经营单位就侵犯了从业人员的权利，并对由此产生的后果承担相应的法律责任。

**3. 对本单位安全生产的批评、检举和控告的权利**

《安全生产法》规定从业人员有权对本单位的安全生产工作提出建议，有权对本单位安全生产工作中存在的问题提出批评、检举、控告。

**4. 拒绝违章指挥和强令冒险作业的权利**

《安全生产法》第四十六条规定："生产经营单位不得因从业人员对本单位安全生产工作提出批评、检举、控告或拒绝违章指挥、强令冒险作业而降低其工资、福利等待遇或解除与其订立的劳动合同。"

**5. 紧急情况下的停止作业和紧急撤离的权利**

从事建筑、矿山、危险物品生产作业的从业人员，一旦发现将要发生透水、瓦斯爆炸、瓦斯突出、冒顶、坠落、倒塌、危险物品泄漏、燃烧、爆炸等紧急情况并且无法避免时，法律赋予他们享有停止作业和紧急撤离的权利。《安全生产法》第四十七条规定："从业人员发现直接危及人身安全的紧急情况时，有权停止作业或在采取可能的应急措施后撤离作业场所。生产经营单位不得因从业人员在前款紧急情况下停止作业或采取紧急撤离措施而降低其工资、福利等待遇或解除与其订立的劳动合同。"从业人员在行使这项权利的时候必须明确四点：一是危及从业人员人身安全的紧急情况必须有确实可靠的直接根据，凭借个人猜测或误判而实际并不属于危及人身安全的紧急情况除外，该项权利不能被滥用；二是紧急情况必须直接危及人身安全，间接危及人身安全的情况不应撤离，而应采取有效的处理措施；三是出现危及人身安全的紧急情况时，首先是停止作业，然后要采取可能的应急措施，采取应急措施无效时，再撤离作业场所；四是该项权利不适用于某些特殊职业的从业人员，比如飞行人员、船舶驾驶人员、车辆驾驶人员等，根据有关法律、国际公约和职业惯例，在发生危及人身安全的紧急情况下，他们不能或不能先行撤离从业场所或岗位。

## 二、建筑从业人员的安全生产义务

### 1. 遵章守规、服从管理的义务

《安全生产法》第四十九条规定："从业人员在从业过程中，应当严格遵守本单位的安全生产规章制度和操作规程，服从管理。"根据《安全生产法》和其他有关法律、法规和规章的规定，生产经营单位必须制定本单位安全生产的规章制度和操作规程。从业人员必须严格依照这项规章制度和操作规程进行生产经营作业。安全生产规章制度和操作规程是从业人员从事生产经营，确保安全的具体规范和依据。事实证明，从业人员违反规章制度和操作规程，是导致生产安全事故的主要原因。生产经营单位的负责人和管理人员有权依照规章制度和操作规程进行安全管理，监督检查从业人员遵章守规的情况。从业人员必须接受并服从管理。依照法律规定，生产经营单位的从业人员不服从管理，违反安全生产规章制度和操作规程的，由生产经营单位给予批评教育，依照有关规定给予处分；造成重大事故，构成犯罪的，依照刑法有关规定追究刑事责任。

### 2. 正确佩戴和使用劳动防护用品的义务

正确佩戴和使用劳动防护用品是从业人员必须履行的法定义务，这是保障从业人员人身安全和生产经营单位安全生产的需要。

### 3. 接受安全培训，掌握安全生产技能的义务

《安全生产法》第五十条规定："从业人员应当接受安全生产教育和培训，掌握本职工作所需的安全生产技术，提高安全生产技能，增强事故预防和应急处理能力。"这对提高生产经营单位从业人员的安全意识、安全技能，预防、减少事故和人员伤亡，具有积极意义。

### 4. 发现事故隐患或其他不安全因素及时报告的义务

《安全生产法》第五十一条规定："从业人员发现事故隐患或其他不安全因素，应当立即向现场安全生产管理人员或本单位负责人报告，接到报告的人员应当及时予以处理。"要求从业人员必须具有高度的责任心，防微杜渐，防患于未然，及时发现事故隐患和不安全因素，预防事故发生。

《安全生产法》第一次明确规定了从业人员安全生产的法定义务和责任具有重要的意义。第一，安全生产是从业人员最基本的义务和不容推卸的责任，从业人员必须具有高度

的法律意识；第二，安全生产是从业人员的天职。安全生产义务是所有从业人员进行生产经营活动必须遵守的行为规范。从业人员必须尽职尽责，严格照章办事，不得违章违规。第三，从业人员如不履行法定义务，必须承担相应的法律责任。第四，安全生产义务的设定可为事故处理及其从业人员责任追究提供明确的法律依据。

## 第七节　安全生产的监督管理

安全生产的监督管理是指各级人民政府建设行政主管部门以及其授权的建筑工程安全生产的管理机构，对建设工程安全生产所实施的行政监督管理。安全生产的监督管理，包括政府监督管理和社会监督两部分。安全生产监督管理的主题包括各级人民政府及其安全生产综合监督管理部门、有关部门、公民、工会、社区基层组织和新闻媒体依照法律赋予的权力、权利，对安全生产工作进行监督。

### 一、负有安全生产监督管理职责的部门的行政许可职责

#### 1. 负有安全生产监督管理职责的部门

目前，我国实行安全生产综合监督管理与专项监督管理相结合的安全生产监督管理体制，负责实施安全生产监督管理的部门很多。负有安全生产监督管理职责的部门是对县级以上人民政府负责安全生产监督管理的各有关部门的统称，具体包括两类政府部门：一类是县级以上各级人民政府设置的"负责安全生产监督管理的部门"。另一类是县级以上各级人民政府设置的"有关部门"。法律所称的"负有安全生产监督管理职责的部门"包括"负责安全生产监督管理的部门"和"相关部门"。

《建设工程安全生产管理条例》第三十九条规定，国务院负责安全生产监督管理的部门依照《安全生产法》的规定，对全国建设工程安全生产工作实施综合监督管理。县级以上地方人民政府负责安全生产监督管理的部门依照《安全生产法》的规定，对本行政区域内建设工程安全生产工作实施综合监督管理。《建设工程安全生产管理条例》第四十条规定，国务院建设行政主管部门对全国的建设工程安全生产实施监督管理。国务院铁路、交通、水利等有关部门按照国务院规定的职责分工，负责有关专业建设工程安全生产的监督管理。县级以上地方人民政府建设行政主管部门对本行政区域内的建设工程安全生产实施监督管理。县级以上地方人民政府交通、水利等有关部门在各自的职责范围内，负责本行政区域内的专业建设工程安全生产的监督管理。

#### 2. 负有安全生产监督管理职责的部门的行政许可职责

县级以上人民政府中负有安全生产监督管理职责的部门按照各自的职责分工，对安全生产实施监督管理的主要职权之一是依法对有关安全生产事项实施行政许可。《安全生产法》对负有安全生产监督管理职责的部门的行政许可职责从四个方面作出了规定：

（1）依照法律、法规的规定，对涉及安全生产的事项需要审查批准（包括批准、核准、许可、注册、认证、颁发证照等）或验收的，必须严格依照有关法律、法规和国家标准或行业标准规定的条件和程序进行审查，不符合法律、法规和国家标准或行业标准规定的安全生产条件的，不得批准或验收通过。

（2）对未依法取得批准或验收合格的单位擅自从事有关活动的，负责行政审批的部门

发现或接到举报后应当立即予以取缔，并依法予以处理。这是针对未依法提出安全生产行政许可的申请、未取得行政许可擅自从事生产经营的生产经营单位而设定的监督管理职权，查处人们常说的"无证非法生产经营"的违法行为。依照法律的规定，负有安全生产监督管理职责的部门对自己检查发现或经举报发现的非法从事生产经营活动的单位，有权予以取缔，并依法实施行政处罚。

（3）对已经依法取得批准的单位，负责行政审批的部门发现其不再具备安全生产条件的，应当撤销原批准。这是对已经取得安全生产事项行政许可的生产经营单位安全生产条件的动态监督管理职责。依照法律规定，一是要对取得行政许可的生产经营单位，在生产经营过程中的安全生产条件继续实施监督管理。二是在日常监督检查中发现生产经营单位不再具备安全生产条件的，必须撤销原行政许可。不再具备安全生产条件包括降低安全生产条件和安全生产条件不适应安全生产需要等。

（4）规范行政许可的特别规定。对安全生产事项实施行政许可是负有安全生产监督管理职责部门的一项重要权力，容易产生违法违纪现象，滋生腐败。《安全生产法》第五十五条规定：负有安全生产监督管理职责的部门对涉及安全生产的事项进行审查、验收，不得收取费用，不得要求接受审查、验收的单位购买其指定品牌或指定生产、销售单位的安全设备、器材或其他产品。

《建设工程安全生产管理条例》第四十二条规定，建设行政主管部门在审核发放施工许可证时，应当对建设工程是否有安全施工措施进行审查，对没有安全施工措施的，不得颁发施工许可证。建设行政主管部门或其他有关部门对建设工程是否有安全施工措施进行审查时，不得收取费用。

## 二、负有安全生产监督管理职责的部门依法监督检查时行使的职权

负有安全生产监督管理职责的部门依法监督检查时行使四项职权。

### 1. 现场检查权

为了履行日常安全生产监督管理的职责，安全生产监督检查人员需要经常进入有关生产经营单位的作业现场进行实地检查，受检的生产经营单位应当服从并予以配合。依法进入现场进行检查，是实施监督管理的最基本的职权。法律规定：安全生产监督检查人员有权进入生产经营单位进行检查，调阅有关资料，向有关单位和人员了解情况。

### 2. 当场处理权

在安全生产检查中，在生产经营作业现场常会发现一些安全生产违法行为，需要当场进行处理，以免发生生产安全事故。《安全生产法》第五十六条中规定："对检查中发现的安全生产违法行为，当场予以纠正或要求限期改正，对依法应当给予行政处罚的行为，依照本法和其他有关法律、行政法规的规定作出行政处罚决定。"该规定指出，现场检查发现违法行为时，有两种情况应当分别处理：一是不需要给予行政处罚的违法行为，有权当场纠正或限期改正。二是对比较严重、应当给予行政处罚的违法行为，依法作出行政处罚决定。除了法定当场实施处罚的少数轻微违法行为以外，行政处罚通常不能当场作出决定。

### 3. 紧急处置权

在安全检查中除了发现一般的安全生产违法行为以外，有时会发现事故隐患，特别是

重大事故隐患。此时必须采取紧急处置措施，排除隐患或撤出作业人员，必要时需暂时停止生产经营活动。为了避免发生重大、特大生产安全事故，法律授权安全生产检查人员对检查中发现的事故隐患，应当责令立即排除，重大事故隐患排除前或排除事故过程中无法保证安全的，应当责令从危险区域撤出作业人员，责令暂时停产停业或停止使用，重大事故隐患排除后，经审查同意，方可恢复生产经营或使用。

**4. 查封扣押权**

生产经营单位的安全设施、设备、器材是否符合国家标准或行业标准，处于良好的安全状态，对于确保安全生产具有重要影响。法律授权安全生产检查人员对有根据认为不符合国家标准或行业标准的设施、设备、器材予以查封或扣押，并应当在 15 日内依法作出处理决定。

### 三、安全生产中介机构的监督管理

《安全生产法》关于安全生产中介机构的监督管理的规定主要包括资质认可和责任追究两个方面。

**1. 安全生产中介机构资质的认可**

《安全生产法》第六十二条的规定：承担安全评价、认证、检测、检验的机构应当具备国家规定的资质条件。这是确定其合法性的基本条件。非法中介服务机构不具备合法资格，其所从事的一切业务均为非法，出具的所有评价、认证、检测、检验报告、证书和检测、检验结果均无法律效力。只有符合国家规定或国家授权部门规定的资质条件，按照法定程序申请登记并获得批准的，方可从事安全生产中介服务活动。

**2. 安全生产中介服务的责任**

依法取得资质的安全生产中介机构从事服务活动，必须遵守有关法律、法规和职业准则，独立享有权利，履行义务，承担责任。按照权责利一致的原则，取得合法资质的有关中介机构的责任必须明确。《安全生产法》第六十二条规定：承担安全评价、认证、检测、检验的机构对其作出的安全评价、认证、检测、检验的结果负责。所谓"负责"，一是指中介机构必须对自己所从事的中介服务的结果，独立对其服务结构的合法性、真实性负责；二是指中介机构对其违法从事安全评价、认证、检测、检验业务所造成的后果，应当承担相应的法律责任；三是要依法追究安全中介机构及其有关人员的违法行为的法律责任。

## 第八节　生产安全事故的应急救援与调查处理

根据《安全生产法》和《建设工程安全生产管理条例》的有关规定，国务院负责安全生产监督管理的部门，对全国建设工程安全生产工作实施综合监督管理。国务院建设行政主管部门对全国建设工程安全生产实施监督管理。国务院铁路、交通、水利等有关部门按照国务院的职责分工，负责有关专业建设工程安全生产的监督管理。

《生产安全事故报告和调查处理条例》是事故报告和调查处理工作的基本法律依据，其内涵丰富，内容全面。《条例》针对当前事故报告和调查处理工作中存在的突出问题，确定了事故报告和调查处理由政府领导、分级负责和"四不放过"的原则，确立了事故报告和调查处理工作的制度、机制和程序，加大了事故责任追究和处罚的力度，实现了相关立法和执法部门职责的和谐统一。

## 一、地方政府应急救援工作职责

《安全生产法》第六十八条规定："县级以上地方各级人民政府应当组织有关部门制定本行政区域内特大生产安全事故应急预案，建立应急救援体系。"

事故应急预案应当包括可能发生的特大事故的种类、事故发生的地区、地段、地点或单位，事故波及地区的人员、道路交通、消防设施和通道，事故可能造成的危害及其应对措施，事故救援的组织指挥，抢救伤害人员的措施以及设施、设备、器材和物品的组织供应，事故现场秩序维持和后期处理措施等等。事故救援体系是实施应急预案的组织保证，应当明确各级救援组织机构的建立及其领导人员，确定内部分设的专门救援组织，如维持现场秩序、疏导交通、消防急救、现场处理、提供医疗和生活物品、发布信息的组织或部门，明确各自的岗位及其职责，形成一个能够处理突发事故的救援体系。

《国务院关于特大安全事故行政责任追究的规定》是我国第一部专门规范各级人民政府和有关部门安全事故行政责任追究的行政法规。这部行政法规的核心是建立事故行政责任追究法律制度。立法目的为了有效地防范特定安全事故的发生，严肃追究特大安全事故的行政责任，保障人民群众生命、财产安全。

《国务院关于特大安全事故行政责任追究的规定》确定的有关行政责任人包括：地方人民政府主要领导人和政府负责安全事项行政审批和安全监督管理的有关部门、机构正职负责人，以及国务院有关部门正职负责人。地方人民政府和有关部门对特大安全事故的防范、发生直接负责的主管人员和其他直接责任人员，比照上述人员追究行政责任。

地方各级人民政府的安全职责主要包括：①地方各级人民政府应当每个季度至少召开一次防范特大安全事故工作会议，由政府主要领导人或政府主要领导人委托政府分管领导召集有关部门正职负责人参加，分析、布置、督促、检查本地区防范特大安全事故的工作。会议应当作出决定并形成纪要，会议确定的各项防范措施必须严格实施。②市地、州、县（市）、区人民政府应当组织有关部门按照职责分工对本地区容易发生特大安全事故的单位、设施和场所安全事故的防范明确责任、采取措施，并组织有关部门对上述单位、设施和场所进行严格检查。③市地、州、县（市）、区人民政府必须制定本地区特大安全事故应急处理预案。本地区特大安全事故应急处理预案经政府主要领导人签署后，报上一级人民政府备案。④市地、州、县（市）、区人民政府应当组织有关部门对本规定第二条所列各类特大安全事故的隐患进行查处，发现特大安全事故隐患的，责令立即派出，特大安全事故隐患排除前或排除过程中，无法保证安全的，责令暂时停产、停业或停止使用。法律、行政法规对查处机关另有规定的，依照其规定。⑤市、地、州、县（市）、区人民政府及其有关部门对本地区存在的特大安全事故隐患，超出其管辖或职责范围的，应当立即向有管辖权或负有职责的上级人民政府或政府有关部门报告，情况紧急的，可以立即采取包括责令暂时停产、停业在内的紧急措施，同时报告，有关上级人民政府或政府有关部门接到报告后，应当立即组织查处。⑥特大安全事故发生后，有关地方人民政府应当迅速组织救助，有关部门应当服从指挥、调度，参加或配合救助，将事故损失降到最低限度。⑦特大安全事故发生后，省、自治区、直辖市人民政府应当按照国家有关规定迅速、如实发布事故消息。

## 二、建筑单位生产安全事故的应急救援

### 1. 高危生产经营单位的事故应急救援

《安全生产法》第六十九条规定："危险物品的生产、经营、储存单位以及矿山、建筑施工单位应当建立应急救援组织，生产经营规模较小，可以不设应急救援组织的，应当指定兼职的应急救援人员。危险物品的生产、经营、储存单位以及矿山、建筑施工单位应当配备必要的应急救援器材、设备，并进行经常性维护、保养，保证正常运转。"

法律虽然没有对高危生产经营单位以外的其他生产经营单位的应急救援工作作出强制性规定，但也应根据本单位实际情况建立专门的应急救援机构或指定专人负责此项工作，防患于未然。

### 2. 重大事故的应急抢救

《安全生产法》第七十一条规定，负有安全生产监督管理职责的部门接到事故报告后，应当立即按照国家有关规定上报事故情况。负有安全生产监督管理职责的部门和有关地方人民政府对事故情况不得隐瞒不报、谎报或拖延不报。第七十二条规定，有关地方人民政府和负有安全生产监督管理职责的部门的负责人接到重大生产安全事故报告后，应当立即赶到事故现场，组织事故抢救。任何单位和个人都应当支持、配合事故抢救，并提供一切便利条件。

### 3. 生产安全事故报告和处置的规定

迅速、及时、准确地报告发生生产安全事故，是生产经营单位和各级地方人民政府及其负有安全生产监督管理职责的部门的法定义务和责任。

《安全生产法》规定：①现场有关人员应当立即报告本单位负责人。生产经营单位发生生产安全事故后，在事发现场的从业人员、管理人员和其他人员有义务采用任何方式以最快的速度立即报告，既可以逐级报告，也可以越级报告，不得耽误。②生产经营单位应当组织抢救并报告事故。生产经营单位负责人接到事故报告后，应当迅速采取有效过失组织抢救，防止事故扩大，减少人员伤亡和财产损失，并按照国家有关规定立即如实报告当地负有安全生产监督管理职责的部门，不得隐瞒不报、谎报或拖延不报，不得故意破坏事故现场、毁灭有关证据。生产经营单位主要负责人在事故报告和抢救中负有主要领导责任，必须履行及时、如实报告生产安全事故的法定义务。

《生产安全事故报告和调查处理条例》进一步规定，报告事故是政府和企业的法定义务和责任。作为监管主体的政府及其职能部门的义务和责任主要是及时掌握传递报送事故信息，组织事故应急救援和调查处理，不履行法定职责的，要承担相应的法律责任。作为生产经营主体，事故发生单位的义务和责任主要是及时、如实报告其事故情况，组织自救，配合和接受事故调查，否则要承担相应的法律责任。

要做到及时报告事故情况，必须明确法定的事故报告主体——义务人。事故报告主体不履行法定报告义务，将受到法律追究。《生产安全事故报告和调查处理条例》明确的负有事故报告义务的主体主要有四种：事故发生单位现场人员、事故单位负责人、有关政府职能部门、有关地方人民政府。发生事故后，作为不同的事故报告主体应当履行各自的报

告义务。因此，向谁报告即事故报告的对象必须明确。

《生产安全事故报告和调查处理条例》规定的事故报告对象有事故发生单位和有关行政机关两类：①事故发生单位的报告对象。发生事故后，现场有关人员应当立即向本单位负责人，包括主要负责人或有关负责人报告。单位负责人接到报告后，应当立即报告事故发生地县级以上人民政府安全生产综合监督管理部门。对于有关人民政府设有负责监管事故发生单位的行业主管部门的，事故发生单位除了向安全生产综合监督管理部门报告外，还要向负有安全生产监督管理的有关部门报告。②县级以上人民政府职能部门的报告对象。按照逐级报告的程序，县级以上人民政府安全生产综合监督管理部门、负有安全生产监督管理的有关部门接到事故发生单位的报告后，其报告对象有两个，一是上一级人民政府安全生产综合监督管理部门、负有安全生产监督管理的有关部门，二是本级人民政府。为了便于组织事故调查和开展善后工作，《生产安全事故报告和调查处理条例》除了规定事故报告主体之外还规定了安全生产综合监督管理部门。

负有安全生产监督管理的有关部门接到事故报告后，应当通知同级公安机关、劳动保障部门、工会和人民检察院。从事故发生单位负责人接到事故报告时起算，该单位向政府职能部门报告的时限是1小时。县级以上人民政府安全生产监督管理部门和负有安全生产监督管理的有关部门向上一级人民政府安全生产监督管理部门和负有安全生产监督管理的有关部门逐级报告事故的时限是每级上报的时间不得超过2小时，同时应当报告本级人民政府。《生产安全事故报告和调查处理条例》关于事故报告的法定时限从事故发生单位发现事故发生和有关人民政府职能部门接到事故报告时起算。超过法定时限且没有正当理由报告事故情况的，为迟报事故并承担相应法律责任。但是遇有不可抗力的情况并有证据证明的除外。譬如，因通信中断、交通阻断或其他自然原因致使事故信息等情况不能按时报送的，其报告时限可以适当延长。

**4. 生产安全事故调查处理的规定**

鉴于法律授权国务院制定专门的事故调查处理行政法规，所以《安全生产法》没有对事故报告和调查处理作出详细的规定。但是法律确定了事故调查处理的原则，即应当按照实事求是、尊重科学的原则及时、准确地查清事故原因，查明事故性质和责任，总结事故教训，提高整改措施，并对事故责任者提出处理意见。针对事故调查处理工作存在的地方保护、避重就轻、逃脱责任等突出问题，《安全生产法》第七十五条同时规定，任何单位和个人不得阻挠和干涉对事故的依法调查处理。

正确地确定事故有关人员的责任并依法追究，是总结事故教训和惩治有关责任人的重要措施。《安全生产法》第七十四条规定："生产经营单位发生生产安全事故，经调查确定责任事故的，除了应当查明事故单位的责任并依法追究外，还应当查明对安全生产有关事项负有审查批准和监督职责的行政部门的责任，对有失职、渎职行为的，依照本法第七十七条的规定追究法律责任。"本条规定的责任主体包括生产经营单位的主要负责人、个人经营的投资人和负有安全生产监督管理职责的部门的工作人员。

# 第九节　安全生产法律责任

法律责任是国家管理社会事务所采用的强制当事人依法办事的法律措施。

### 一、安全生产法律责任的形式

追究安全生产违法行为法律责任的形式有 3 种：即行政责任、民事责任、刑事责任。在现行有关安全生产的法律、行政法规中，《安全生产法》采用的法律责任形式最全，设定的处罚种类最多，实施处罚的力度（罚款幅度除外）最大。

**1. 行政责任**

它是指责任主体违反安全生产法律规定，由有关人民政府和安全生产监督管理部门、公安机关依法对其实施行政处罚的一种法律责任。《安全生产法》第九十四条规定："本法规定的行政处罚，由负责安全生产监督管理的部门决定；予以关闭的行政处罚由负责安全生产监督管理的部门报请县级以上人民政府按照国务院规定的权限决定；给予拘留的行政处罚由公安机关依照治安管理处罚条例的规定决定。有关法律、行政法规对行政处罚的决定机关另有规定的，依照其规定。"行政责任在追究安全生产违法行为的法律责任方式中运用最多。《安全生产法》针对安全生产违法行为设定的行政处罚共有责令改正、责令限期改正、责令停产停业整顿、责令停止建设、停止使用、责令停止违法行为、罚款、没收违法所得、吊销证照、行政拘留、关闭等 11 种。

**2. 民事责任**

它是指责任主体违反安全生产法律规定造成民事损害，由人民法院依照民事法律强制其进行民事赔偿的一种法律责任。民事责任的追究是为了最大限度地维护当事人受到民事损害时享有获得民事赔偿的权利。《安全生产法》是我国众多的安全生产法律、行政法规中首先设定民事责任的法律。《安全生产法》第八十六条规定："生产经营单位将生产经营项目、场所、设备发包或出租给不具备安全生产条件或相应资质的单位或个人的……导致发生生产安全事故给他们造成损害的，与承包方、承租方承担连带赔偿责任。"第九十五条中规定："生产经营单位发生生产安全事故造成人员伤亡、他人财产损失的，应当依法承担赔偿责任。"

**3. 刑事责任**

刑事责任是指责任主体违反安全生产法律规定构成犯罪，由司法机关依照刑事法律给予刑罚的一种法律责任。依法处以剥夺犯罪分子人身自由的刑罚是三种法律责任中最严厉的。《刑法》有关安全生产违法行为的罪名主要是重大责任事故罪、重大劳动安全事故罪、危险物品肇事罪和提供虚假证明文件罪以及国家工作人员职务犯罪等。

### 二、安全生产违法行为的责任主体

安全生产违法行为的责任主体是指依照《安全生产法》的规定享有安全生产权利、负有安全生产义务和承担法律责任的社会组织和公民。责任主体主要包括四种。

**1. 有关人民政府和负有安全生产监督管理职责的部门及其领导人、负责人**

《安全生产法》明确规定了各级地方人民政府和负有安全生产监督管理职责的部门对其管辖行政区域和职权范围内的安全生产工作进行监督管理。监督管理既是法定职权又是法定职责。如果由于有关地方人民政府和负有安全生产监督管理职责的部门的领导人和负责人违反法律规定而导致重大、特大事故，执法机关将依法追究因其失职、渎职和负有领导责任的行为所应承担的法律责任。

### 2. 生产经营单位及其负责人、有关主管人员

《安全生产法》对生产经营单位的安全生产行为作出了规定，生产经营单位必须依法从事生产经营活动，否则将负法律责任。

### 3. 生产经营单位的从业人员

从业人员直接从事生产经营活动，他们往往是各种事故隐患和不安全因素的第一知情者和直接受害者。从业人员的安全素质高低，对安全生产至关重要。所以，《安全生产法》在赋予他们必要的安全生产权利的同时，设定了他们必须履行的安全生产义务。如果因从业人员违反安全生产义务而导致重大、特大事故，那么必须承担相应的法律责任。

### 4. 安全生产中介服务机构和安全生产中介服务人员

《安全生产法》第十二条规定："依法设立的为安全生产提供技术服务的中介机构，依照法律、行政法规和职业准则，接受生产经营单位的委托为其安全生产工作提供技术服务。"从事安全生产评价认证、检测检验、咨询服务等工作的中介机构及其安全生产的专业工程技术人员，必须具有执业资质才能依法为生产经营单位提供服务。如果中介机构及其工作人员对其承担的安全评价、认证、监测、检验事项出具虚假证明，视其情节轻重，将追究其行政责任、民事责任和刑事责任。

### 5. 安全生产违法行为行政处罚的决定机关

安全生产违法行为行政处罚的决定机关亦称行政执法主体是指法律、法规授权履行法律实施职权和负责追究有关法律责任的国家行政机关。在目前的安全生产监督管理体制下，它的执法主体不是一个而是多个。依法实施行政处罚是有关行政机关的法定职权。行政责任是采用最多的法律责任形式，它是国家机关依法行政的主要手段。《安全生产法》规定的行政执法主体有4种。

（1）县级以上人民政府负责安全生产监督管理职责的部门。除了法律特别规定之外的行政处罚，安全生产监督管理部门均有权决定。

（2）县级以上人民政府。关闭的行政处罚的执法主体只能是县级以上人民政府，其他部门无权决定此项行政处罚。

（3）公安机关

《安全生产法》第九十一条规定："生产经营单位主要负责人在本单位发生重大生产安全事故时，不立即组织抢救或在事故调查处理期间擅离职守或逃匿的，给予降职、撤职的处分，对逃匿的处15日以下的拘留……生产经营单位主要负责人对生产安全事故隐瞒不报、谎报和拖延不报的，依照前款规定处罚。"拘留所限制人身自由的行政处罚，由公安机关实施。《安全生产法》第九十四条规定："给予拘留的行政处罚由公安机关依照治安管理处罚条例的规定决定。"除公安机关以外的其他部门、单位和公民都无权擅自实施。

（4）法定的其他行政机关

在《安全生产法》公布实施之前，国家已经制定了一些有关安全生产的其他法律、行政法规，其中对有关行政处罚的机关已经明确。为了保持法律执法主体的连续性，界定安全生产综合监管部门与安全生产专项监管部门的行政执法权利，《安全生产法》第九十四条规定："有关法律、行政法规对行政处罚的决定机关另有规定的，依照其规定。"依照有

关安全生产法律、行政法规履行某些行政处罚权力的,主要有公安、工商、铁道、交通、民航、建筑、质检和煤矿安全监察等专项安全生产监管部门和机构,他们在有关法律、行政法规授权的范围内,有权决定相应的行政处罚。对于《安全生产法》明确规定而其他有关法律、行政法规没有规定的安全生产违法行为,应由负责安全生产监督管理的部门作为行政执法主体,依照《安全生产法》实施行政处罚。

# 第十章 安 全 防 护

安全标准是我国安全生产法律体系的重要组成部分。安全生产标准体系是指为维持生产经营活动，保障安全生产而制定颁布的一切有关安全生产方面的技术、管理、方法、产品等标准的有机结合。本节以《高处作业分级》、《建筑施工安全检查标准》、《建筑施工高处作业安全技术规范》、《施工现场临时用电安全技术规范》、《建筑机械使用安全技术规范》等标准的内容为基础，对建筑从业人员安全生产基本知识进行具体阐释，以提高建筑从业人员的安全事故防范意识，提高安全生产的效率。

## 第一节 高 处 作 业 安 全

按照国家标准《高处作业分级》规定：凡在坠落高度基准面 2m 以上（含 2m）的可能坠落的高处所进行的作业，都称为高处作业。在施工现场高处作业中，如果未防护，防护不好或作业不当都可能发生人或物的坠落。人从高处坠落的事故，称为高处坠落事故，物体从高处坠落砸着下面的人事故，称为物体打击事故。长期以来，预防施工现场高处作业的高处坠落、物体打击事故始终是施工安全生产的首要任务。

### 一、高处作业的基本类型

建筑施工中的高处作业主要包括临边、洞口、攀登、悬空、交叉等五种基本类型，这些类型的高处作业是高处作业伤亡事故可能发生的主要地点。

**1. 临边作业**

临边作业是指施工现场中，工作面边沿无围护设施或围护设施高度低于 80cm 时的高处作业。下列作业条件属于临边作业：①基坑周边，无防护的阳台、料台与挑平台等；②无防护楼层、楼面周边；③无防护的楼梯口和梯段口；④井架、施工电梯和脚手架等的通道两侧面；⑤各种垂直运输卸料平台的周边。

**2. 洞口作业**

洞口作业是指：孔、洞口旁边的高处作业，包括施工现场及通道旁深度在 2m 及 2m 以上的桩孔、沟槽与管道孔洞等边沿作业。建筑物的楼梯口、电梯口及设备安装预留洞口等（在未安装正式栏杆，门窗等围护结构时），还有一些施工需要预留的上料口、通道口、施工口等。凡是在 2.5cm 以上，洞口若没有防护时，就有造成作业人员高处坠落的危险；或者若不慎将物体从这些洞口坠落时，还可能造成下面的人员发生物体打击事故。

**3. 攀登作业**

攀登作业是指：借助建筑结构或脚手架上的登高设施或采用梯子或其他登高设施在攀登条件下进行的高处作业。在建筑物周围搭拆脚手架、张挂安全网，装拆塔机、龙门架、井字架、施工电梯、桩架、登高安装钢结构构件等作业都属于这种作业。进行攀登作业时作业人员由于没有作业平台，只能攀登在可借助物的架子上作业，要借助一手攀，一只脚勾或用腰绳来保持平衡，身体重心垂线不通过脚下，作业难度大，危险性大，若有不慎就可能坠落。

**4. 悬空作业**

悬空作业是指：在周边临空状态下进行高处作业。其特点是在操作者无立足点或无牢靠立足点条件下进行高处作业。建筑施工中的构件吊装，利用吊篮进行外装修，悬挑或悬空梁板、雨篷等特殊部位支拆模板、扎筋、浇筑混凝土等项作业都属于悬空作业，由于是在不稳定的条件下施工作业，危险性很大。

**5. 交叉作业**

交叉作业是指：在施工现场的上下不同层次，于空间贯通状态下同时进行的高处作业。现场施工上部搭设脚手架、吊运物料、地面上的人员搬运材料、制作钢筋，或外墙装修下面打底抹灰、上面进行面层装饰等等，都是施工现场的交叉作业。交叉作业中，若高处作业不慎碰掉物料，失手掉下工具或吊运物体散落，都可能砸到下面的作业人员，发生物体打击伤亡事故。

## 二、高处作业一般规定

高处作业时的安全措施有设置防护栏杆，孔洞加盖，安装安全防护门，满挂安全平立网，必要时设置安全防护棚等。

（1）施工前，应逐级进行安全技术教育及交底，落实所有安全技术措施和个人防护用品，未经落实时不得进行施工。

（2）高处作业中的安全标志、工具、仪表、电气设施和各种设备，必须在施工前加以检查，确认其完好，方能投入使用。

（3）悬空、攀登高处作业以及搭设高处安全设施的人员必须按照国家有关规定经过专门的安全作业培训，并取得特种作业操作资格证书后，方可上岗作业。

（4）从事高处作业的人员必须定期进行身体检查，诊断患有心脏病、贫血、高血压、癫痫病、恐高症及其他不适宜高处作业的疾病时，不得从事高处作业。

（5）高处作业人员应头戴安全帽，身穿紧口工作服，脚穿防滑鞋，腰系安全带。

（6）高处作业场所有坠落可能的物体，应一律先行撤除或予以固定。所用物件均应堆放平稳，不妨碍通行和装卸。工具应随手放入工具袋，拆卸下的物件及余料和废料均应及时清理运走，清理时应采用传递或系绳提溜方式，禁止抛掷。

（7）遇有六级以上强风、浓雾和大雨等恶劣天气，不得进行露天悬空与攀登高处作业。台风暴雨后，应对高处作业安全设施逐一检查，发现有松动、变形、损坏或脱落、漏雨、漏电等现象，应立即修理完善或重新设置。

（8）所有安全防护设施和安全标志等。任何人都不得损坏或擅自移动和拆除。因作业必须临时拆除或变动安全防护设施、安全标志时，必须经有关施工负责人同意，并采取相应的可靠措施，作业完毕后立即恢复。

（9）施工中对高处作业的安全技术设施发现有缺陷和隐患时，必须立即报告，及时解决。危及人身安全时，必须立即停止作业。

### 三、高处作业的基本安全技术措施

（1）凡是临边作业，都要在临边处设置防护栏杆，一般上杆离地面高度一般为 1.0～1.2m，下杆离地面高度为 0.5～0.6m；防护栏杆必须自而下用安全网封闭，或在栏杆下边设置严密固定的高度不低于 18cm 的挡脚板或 40cm 的挡脚笆。

（2）对于洞口作业，可根据具体情况采取设防护栏杆、加盖板、张挂安全网与装栅门等措施。

（3）进行攀登作业时，作业人员要从规定的通道上下，不能在阳台之间等非规定通道进行攀登，也不得任意利用吊车车臂架等施工设备进行攀登。

（4）进行悬空作业时，要设有牢靠的作业立足处，并视具体情况设防护栏杆，搭设脚手架、操作平台，使用马凳，张挂安全网或其他安全措施；作业所用索具、脚手板、吊篮、吊笼、平台等设备，均需经技术鉴定方能使用。

（5）进行交叉作业时，注意不得在上下同一垂直方向上操作，下层作业的位置必须处于依上层高度确定的可能坠落范围之外。不符合以上条件时，必须设置安全防护层。

（6）结构施工自二层起，凡人员进出的通道口（包括井架、施工电梯的进出口），均应搭设安全防护棚。高度超过 24m 时，防护棚应设双层。

（7）建筑施工进行高处作业之前，应进行安全防护设施的检查和验收。验收合格后，方可进行高处作业。

### 四、高处作业安全个人防护

由于建筑行业的特殊性，高处作业中发生的高处坠落、物体打击事故的比例最大。许多事故案例都说明，由于正确佩戴了安全帽、安全带或按规定架设了安全网，从而避免了伤亡事故。事实证明，安全帽、安全带、安全网是减少和防止高处坠落和物体打击这类事故发生的重要措施，常称之为"三宝"。作业人员必须正确使用安全帽，调好帽箍，系好帽带；正确使用安全带，高挂低用。

**1. 安全帽**

对人体头部受外力伤害（如物体打击）起防护作用的帽子。使用时要注意：①选用经有关部门检验合格，其上有"安鉴"标志的安全帽；②使用戴帽前先检查外壳是否破损，有无合格帽衬，帽带是否齐全，如果不符合要求立即更换；③调整好帽箍、帽衬（4～5cm），系好帽带。

**2. 安全带**

高处作业人员预防坠落伤亡的防护用品。使用时要注意：①选用经有关部门检验合格的安全带，并保证在使用有效期内；②安全带严禁打结、续接；③使用中，要可靠地挂在牢固的地方，高挂低用，且要防止摆动，避免明火和刺割；④2m 以上的悬空作业，必须使用安全带；⑤在无法直接挂设安全带的地方，应设置挂安全带的安全拉绳、安全栏杆等。

**3. 安全网**

用来防止人、物坠落或用来避免、减轻坠落及物体打击伤害的网具。使用时要注意：①要选用有合格证的安全网，按规定到有关部门检测、检验合格，方可使用；②安全网若有破损、老化应及时更换；③安全网与架体连接不宜绷得太紧，系结点要沿边分布均匀、绑牢；④立网不得作为平网使用；⑤立网必须选用密目式安全网。

# 第二节 施 工 临 时 用 电

施工现场用电与一般工业或居民生活用电相比具有临时性、露天性、流动性和不可选择性的特点，有与一般工业用电或居民生活用电不同的规范。但是很多人在具体操作使用过程中，存在马虎、凑合、不按标准规范操作的现象。并有相当多的施工人员对电的特性不了解，对电的危险性认识不足，没有安全用电的基本知识，不懂临时施工用电的规范。触电造成的伤亡事故是建筑施工现场的多发事故之一，因此凡进入施工现场的每一个人员必须高度重视安全用电工作，掌握必备的电气安全技术知识。

## 一、电气安全基本认知

### 1. 基本原则

（1）建筑施工现场的电工、电焊工属于特种作业工种，必须按国家有关规定经专门安全作业培训，取得特种作业操作资格证书，方可上岗作业。其他人员不得从事电气设备及电气线路的安装、维修和拆除。

（2）建筑施工现场必须采用 TN-S 接零保护系统，即具有专用保护零线（PE 线）、电源中性点直接接地的 220/380V 三相五线制系统。

（3）建筑施工现场必须按"三级配电二级保护"设置。

（4）施工现场的用电设备必须实行"一机、一闸、一漏、一箱"制，即每台用电设备必须有自己专用的开关箱，专用开关箱内必须设置独立的隔离开关和漏电保护器。

（5）严禁在高压线下方搭设临建、堆放材料和进行施工作业；在高压线一侧作业时，必须保持至少 6m 的水平距离，达不到上述距离时，必须采取隔离防护措施。

（6）在宿舍工棚、仓库、办公室内严禁使用电饭煲、电水壶、电炉、电热杯等较大功率电器。如需使用，应由项目部安排专业电工在指定地点，安装可使用较高功率电器的电气线路和控制器。严禁使用不符合安全的电炉、电热棒等。

（7）严禁在宿舍内乱拉乱接电源，非专职电工不准乱接或更换熔丝，不准以其他金属丝代替熔（保险）丝。

（8）严禁在电线上晾衣服和挂其他东西等。

（9）搬运较长的金属物体，如钢筋、钢管等材料时，应注意不要碰触到电线。

（10）在临近输电线路的建筑物上作业时，不能随便往下扔金属类杂物；更不能触摸、拉动电线或电线接触钢丝和电杆的拉线。

（11）移动金属梯子和操作平台时，要观察高处输电线路与移动物体的距离，确认有足够的安全距离，再进行作业。

（12）在地面或楼面上运送材料时，不要踏在电线上；停放手推车、堆放钢模板、跳板、钢筋时不要压在电线上。

（13）在移动有电源线的机械设备，如电焊机、水泵、小型木工机械等，必须先切断电源，不能带电搬动。

（14）当发现电线坠地或设备漏电时，切不可随意跑动和触摸金属物体，并保持10m以上距离。

**2. "用电示警"标志**

正确识别"用电示警"标志或标牌，不得随意靠近、随意损坏和挪动标牌。

| 分类 使用 | 颜 色 | 使用场所 |
|---|---|---|
| 常用电力标志 | 红色 | 配电房、发电机房、变压器等重要场所 |
| 高压示警标志 | 字体为黑色，箭头和边框为红色 | 需高压示警场所 |
| 配电房示警标志 | 字体为红色，边框为黑色（或字与边框交换颜色） | 配电房或发电机房 |
| 维护检修示警标志 | 底为红色、字为白色（或字为红色、底为白色、边框为黑色） | 维护检修时相关场所 |
| 其他用电示警标志 | 箭头为红色、边框为黑色字为红色或黑色 | 其他一般用电场所 |

进入施工现场的每个人都必须认真遵守用电管理规定，见到以上用电示警标志或标牌时，不得随意靠近，更不准随意损坏、挪动标牌。

## 二、安全使用手持电动机具

手持电动机具在使用中需要经常移动，其振动较大，比较容易发生触电事故。而这类设备往往是在工作人员紧握之下运行的，因此，手持电动机具比固定设备更具有较大的危险性。

手持电动机具按触电保护分为Ⅰ类工具、Ⅱ类工具和Ⅲ类工具。

Ⅰ类工具（即普通型电动机具）：其额定电压超过50V。工具在防止触电的保护方面不仅依靠其本身的绝缘，而且必须将不带电的金属外壳与电源线路中的保护零线作可靠连接，这样才能保证工具基本绝缘损坏时不成为导电体。这类工具外壳一般都是全金属。

Ⅱ类工具（即绝缘结构皆为双重绝缘结构的电动机具）：其额定电压超过50V。工具在防止触电的保护方面不仅依靠基本绝缘，而且还提供双重绝缘或加强绝缘的附加安全预防措施。这类工具外壳有金属和非金属两种，但手持部分是非金属，非金属处有"回"符号标志。

Ⅲ类工具（即特低电压的电动机具）：其额定电压不超过50V。工具在防止触电的保护方面依靠由安全特低电压供电和在工具内部不含产生比安全特低电压高的电压。这类工具外壳均为全塑料。

Ⅱ、Ⅲ类工具都能保证使用时电气安全的可靠性，不必接地或接零。一般场所应选用Ⅰ类手持式电动工具，并应装设额定漏电动作电流不大于15mA，额定漏电动作时间小于0.1s的漏电保护器。

在露天、潮湿场所或金属构架上操作时，必须选用Ⅱ类手持式电动工具，并装设漏电保护器，严禁使用Ⅰ类手持式电动工具。负荷线必须采用耐用的橡皮护套铜芯软电缆。单相用三芯（其中一芯为保护零线）电缆；三相用四芯（其中一芯为保护零线）电缆；电缆不得有破损或老化现象，中间不得有接头。

　　手持电动工具应配备装有专用的电源开关和漏电保护器的开关箱，严禁一台开关接两台以上设备，其电源开关应采用双刀控制。手持电动工具开关箱内应采用插座连接，其插头、插座应无损坏，无裂纹，且绝缘良好。使用手持电动工具前，必须检查外壳、手炳、负荷线、插头等是否完好无损，接线是否正确（防止相线与零线错接）；发现工具外壳、手柄破裂，应立即停止使用并进行更换。非专职人员不得擅自拆卸和修理工具。作业人员使用手持电动工具时，应穿绝缘鞋，戴绝缘手套，操作时握其手柄，不得利用电缆提拉。长期搁置不用或受潮的工具在使用前应由电工测量绝缘阻值是否符合要求。

# 第十一章　机械化施工安全常识

## 第一节　基　本　规　定

本章只列出常见的建设机械机种，读者可以参考《建筑机械使用安全技术规程》JGJ 33 以及设备手册等进行拓展阅读。

《建筑机械使用安全技术规程》JGJ33 的主要技术内容有：

1. 总则；2. 基本规定；3. 动力与电气装置；4. 起重机械与垂直运输机械；5. 土石方机械；6. 运输机械；7. 桩工机械；8. 混凝土机械；9. 钢筋加工机械；10. 木工机械；11. 地下施工机械；12. 焊接机械；13. 其他中小型机械；附录 A　建筑机械磨合期的使用；附录 B　建筑机械寒冷季节的使用；附录 C　液压装置的使用。

基本规定摘要如下：

（1）操作人员必须体检合格，无妨碍作业的疾病和生理缺陷，经过专业培训、考核合格取得操作证后，并经过安全技术交底，方可持证上岗；学员应在专人指导下进行工作。

（2）机械必须按照出厂使用说明书规定的技术性能、承载能力和使用条件，正确操作，合理使用，严禁超载、超速作业或任意扩大使用范围。

（3）机械上的各种安全防护及保险装置和各种安全信息装置必须齐全有效。

（4）机械使用与安全生产发生矛盾时，必须首先服从安全要求。

（5）机械作业前，施工技术人员应向操作人员进行安全技术交底。操作人员应熟悉作业环境和施工条件，听从指挥，遵守现场安全管理规定。

（6）在工作中操作人员和配合作业人员必须按规定穿戴劳动保护用品，长发应束紧不得外露。

（7）操作人员在每班作业前，应对机械进行检查，机械使用前，应先试运转。

（8）操作人员在作业过程中，应集中精力正确操作，注意机械工况，不得擅自离开工作岗位或将机械交给其他无证人员操作。无关人员不得进入作业区或操作室内。

（9）操作人员应遵守机械有关保养规定，认真及时做好机械的例行保养，保持机械的完好状态。机械不得带病运转。

（10）实行多班作业的机械，应执行交接班制度，认真填写交接班记录；接班人员经检查确认无误后，方可进行工作。

（11）应为机械提供道路、水电、机棚及停机场地等必备的作业条件，并应消除各种安全隐患。夜间作业应设置充足的照明。

（12）机械设备的基础承载能力必须满足安全使用要求，机械安装后，必须经机械、安全管理人员共同验收合格后，方可投入使用。

（13）排除故障或更换部件过程中，要切断电源和锁上开关箱，并专人监护。

（14）新机、经过大修或技术改造的机械，必须按出厂使用说明书的要求和现行国家标准《建筑机械技术试验规程》JGJ 34 进行测试和试运转，并应符合本规程附录 A 的规定。

（15）机械在寒冷季节使用，应符合本规程附录 B 的规定。

（16）机械集中停放的场所，应有专人看管，并应设置消防器材及工具；大型内燃机械应配备灭火器；机房、操作室及机械四周不得堆放易燃、易爆物品。

（17）变配电所、乙炔站、氧气站、空气压缩机房、发电机房、锅炉房等易于发生危险的场所，应在危险区域界限处设置围栏和警示标志，非工作人员未经批准不得入内。挖掘机、起重机、打桩机等重要作业区域，应设置警示标志及安全措施。

（18）在机械产生对人体有害的气体、液体、尘埃、渣滓、放射性射线、振动、噪声等场所，应配置相应的安全保护设备、监测设备（仪器）、废品处理装置；在隧道、沉井、管道基础施工中，应采取措施，使有害物控制在规定的限度内。

（19）停用一个月以上或封存的机械，应认真做好停用或封存前的保养工作，并应采取预防风沙、雨淋、水泡、锈蚀等措施。

（20）机械使用的润滑油（脂）的品牌应符合出厂使用说明书的规定，并应按时更换。

（21）当发生机械事故时，应立即组织抢救，保护好事故现场，并按国家有关事故报告和调查处理规定执行。

（22）违反本规程的作业指令，操作人员应先说明理由，后拒绝执行。

综上，特种作业和特种设备属于从业准入的范畴，操作者需要在知识体系和能力合格的基础上，参加政府部门的专门安全培训考核合格后，获得政府部门颁发的从业准入资格证，方可从业。

对于挖掘机、装载机等不属于特种设备或特种岗位的常规机具，应按照施工机械操作规程、产品标准、设备手册、安全规定的要求，操作者经过专业培训，能力合格后，持岗位作业操作证上岗。

对于塔式起重机、施工电梯、物料提升机等施工起重机械的操作（也称为司机）、指挥、司索等作业人员，则属特种设备和特种作业，除按国家有关规定经专业知识体系能力培训合格外，尚需经过政府部门组织的专门安全培训，取得特种作业从业准入的操作资格证书，方可上岗作业。

施工起重机械（也称垂直运输设备）必须有相应的制造（生产）许可证企业生产，并有出厂合格证。其安装、拆除、加高及附墙施工作业，必须由相应作业资格的队伍作业，作业人员必须按国家有关规定经专门岗位能力培训合格，并通过安全作业培训，取得特种作业操作资格证书，方可从业和上岗作业，其他非专业人员不得上岗作业。安装、拆卸、加高及附墙施工作业前，必须有经审批、审查的施工方案，并进行方案及安全技术交底。

## 第二节　塔式起重机使用安全常识

（1）起重机"十不吊"

1）超载或被吊物重量不清不吊；

2）指挥信号不明确不吊；

3）捆绑、吊挂不牢或不平衡不吊；

4）被吊物上有人或浮置物不吊；

5）结构或零部件有影响安全的缺陷或损伤不吊；

6）斜拉歪吊和埋入地下物不吊；

7）单根钢丝不吊；

8）工作场地光线昏暗，无法看清场地、被吊物和指挥信号不吊；

9）重物棱角处与捆绑钢丝绳之间未加衬垫不吊；

10）易燃易爆物品不吊。

（2）塔式起重机吊运作业区域内严禁无关人员入内，起吊物下方不准站人。

（3）司机（操作）、指挥、司索等工种应按有关要求配备，其他人员不得作业。

（4）六级以上强风不准吊运物件。

（5）作业人员必须听从指挥人员的指挥，吊物起吊前作业人员应撤离。

（6）吊物的捆绑要求

1）吊运物件时，应清楚重量，吊运点及绑扎应牢固可靠。

2）吊运散件物时，应用铁制合格料斗，料斗上应设有专用的牢固的吊装点；料斗内装物高度不得超过料斗上口边，散粒状的轻浮易撒物盛装高度应低于上口边线10cm。

3）吊运长条状物品（如钢筋、长条状木方等），所吊物件应在物品上选择两个均匀、平衡的吊点，绑扎牢固。

4）吊运有棱角、锐边的物品时，钢丝绳绑扎处应作好防护措施。

## 第三节　施工电梯使用安全常识

施工电梯也称外用电梯，也有称为（人、货两用）施工升降机，是施工现场垂直运输人员和材料主要机械设备。

（1）施工电梯投入使用前，应在首层搭设出入口防护棚，防护棚应符合有关高处作业规范。

（2）电梯在大雨、大雾、六级以上大风以及导轨架、电缆等结冰时，必须停止使用。并将梯笼降到底层，切断电源。暴风雨后，应对电梯各安全装置进行一次检查，确认正常，方可使用。

（3）电梯底笼周围2.5m范围，应设置防护栏杆。

（4）电梯各出料口运输平台应平整牢固，还应安装牢固可靠的栏杆和安全门，使用时安全门应保持关闭。

（5）电梯使用应有明确的联络信号，禁止用敲打、呼叫等联络。

（6）乘坐电梯时，应先关好安全门，再关好梯笼门，方可启动电梯。

（7）梯笼内乘人或载物时，应使载荷均匀分布，不得偏重；严禁超载运行。

（8）等候电梯时，应站在建筑物内，不得聚集在通道平台上，也不得将头手伸出栏杆和安全门外。

（9）电梯每班首次载重运行时，当梯笼升离地1~2m时，应停机试验制动器的可靠性；当发现制动效果不良时，应调整或修复后方可投入使用。

（10）操作人员应根据指挥信号操作。作业前应鸣声示意。在电梯未切断总电源开关前，操作人员不得离开操作岗位。

（11）施工电梯发生故障的处理措施如下：

1）当运行中发现有异常情况时，应立即停机并采取有效措施将梯笼降到底层，排除故障后方可继续运行；

2）在运行中发现电气失控时，应立即按下急停按钮；在未排除故障前，不得打开急停按钮；

3）在运行中发现制动器失灵时，可将梯笼开至底层维修；或者让其下滑防坠安全器制动；

4）在运行中发现故障时，不可惊慌，电梯的安全装置将提供可靠的保护；并且听从专用人员的安排，或等待修复，或按专业人员指挥撤离。

（12）作业后，应将梯笼降到底层，各控制开关拨到零位，切断电源，锁好开关箱，闭锁梯笼门和围护门。

## 第四节　物料提升机使用安全常识

物料提升机是建筑施工现场常用的一种输送物料的垂直运输机械设备。

（1）物料提升机用于运载物料，严禁载人上下；装卸料人员、维修人员必须在安全装置可靠或采取了可靠的措施后，方可进入吊笼内作业。

（2）物料提升机进料口必须加装安全防护门，并按高处作业规范搭设防护棚，并设安全通道，防止从棚外进入架体中。

（3）物料提升机在运行时，严禁对设备进行保养、维修，任何人不得攀登架体和从架体内穿过。

（4）运载物料的要求如下：

1）运送散料时，应使用料斗装载，并放置平稳；使用手推斗车装置于吊笼时，必须装将手推斗车平稳并制动放置，注意车把手及车不能伸出吊笼。

2）运送长料时，物料不得超出吊笼；物料立放时，应捆绑牢固。

3）物料装载时，应均匀分布，不得偏重，严禁超载运行。

（5）物料提升机的架体应有附墙或缆风绳，并应牢固可靠，符合说明书和规范的要求。

（6）物料提升机的架体外侧应用小网眼安全网封闭，防止物料在运行时坠落。

（7）禁止在物料提升机架体上进行焊接、切割或者钻孔等作业，防止损伤架体的任何构件。

（8）出料口平台应牢固可靠，并应安装防护栏杆和安全门。运行时安全门应保持关闭。

（9）吊笼上应有安全门，防止物料坠落；并且安全门应与安全停靠装置联锁。安全停靠装置应灵敏可靠。

（10）楼层安全防护门应有电气或机械锁装置，在安全门未可靠关闭时，限制吊笼运行。

（11）作业人员等待吊笼时，应在建筑物内或者平台内距安全门1m以上处等待。严禁将头手伸出栏杆或安全门。

（12）进出料口应安装明确的联络信号，高架提升机还应安装可视系统。

## 第五节　中小型施工机械使用安全常识

（1）施工机械的使用必须按"定人、定机"制度执行。

（2）操作人员必须经培训合格，方可上岗作业，其他人员不得擅自使用。

（3）机械使用前，必须对机械设备进行检查各部位确认完好无损，并空载试运行，符合安全技术要求，方可使用。

（4）施工现场机械设备必须按其控制的要求，配备符合规定的控制设备，严禁使用倒顺开关。

（5）在使用机械设备时，必须严格按安全操作规程，严禁违章作业；发现有故障，或者有异常响动，或者温度异常升高，都必须立即停机；经过专业人员维修，并检验合格后，方可重新投入使用。

（6）操作人员应做到"调整、紧固、润滑、清洁、防腐"十字作业的要求，按有关要求对机械设备进行保养。

（7）操作人员在作业时，不得擅自离开工作岗位。

（8）下班时，应先将机械停止运行，然后断开电源，锁好电箱，方可离开。

## 第六节　混凝土机械安全常识

### 一、混凝土（砂浆）搅拌机

（1）搅拌机的安装一定要平稳、牢固。长期固定使用时，应埋置地脚螺栓；在短期使用时，应在机座上铺设木枕或撑架找平牢固放置。

（2）料斗提升时，严禁在料斗下工作或穿行。清理料斗坑时，必须先切断电源，锁好电箱，并将料斗双保险钩挂牢或插上保险插销。

（3）运转时，严禁将头或手伸入料斗与机架之间查看，不得用工具或物件伸入搅拌筒内。

（4）运转中严禁保养维修。维修保养搅拌机，必须拉闸断电，锁好电箱，挂好"有人工作严禁合闸"牌，并有专人监护。

### 二、混凝土振动器

混凝土振动器常用的有插入式和平板式。

（1）振动器应安装漏电保护装置，保护接零应牢固可靠。作业时操作人员应穿戴绝缘胶鞋和绝缘手套。

（2）使用前，应检查各部位无损伤，并确认连接牢固，旋转方向正确。

（3）电缆线应满足操作所需的长度。严禁用电缆线拖拉或吊挂振动器。振动器不得在初凝的混凝土、地板、脚手架和干硬的地面上进行试振。在检修或作业间断时，应断开电源。

（4）作业时，振动棒软管的弯曲半径不得小于 500mm，并不得多于两个弯，操作时应将振动棒垂直地沉入混凝土，不得用力硬插、斜推或让钢筋夹住棒头，也不得全部插入混凝土中，插入深度不应超过棒长的 3/4，不宜触及钢筋、芯管及预埋件。

（5）作业停止需移动振动器时，应先关闭电动机，再切断电源。不得用软管拖拉电动机。

（6）平板式振动器工作时，应使平板与混凝土保持接触，待表面出浆，不再下沉后，即可缓慢移动；运转时，不得搁置在已凝或初凝的混凝土上。

（7）移动平板式振动器应使用干燥绝缘的拉绳，不得用脚踢电动机。

### 三、砂浆泵

（1）使用前或每使用一个月后，应请电工检测绝缘电阻是否合格以及线路安装是否符合要求。

（2）使用漏电保护器至少应每周进行一次检机试验，若检机试验或使用中失灵应及时更换。

（3）砂浆泵开动应及时与上、下工序联系。吸浆筒盘根在紧固螺钉时不能过紧或过松。

（4）禁止在合闸通电情况下用手触摸砂浆泵或直接用砂浆泵电线拉、扯、吊动其本体，防止线头松动，金属外壳带电。

（5）操作砂浆泵必须穿戴防护用具。

（6）遵守电工工人一般安全操作规程。

（7）砂浆泵有专人使用和管理，下班后须切断电源。

## 第七节　钢筋机械安全常识

### 一、钢筋切断机

（1）机械未达到正常转速时，不得切料。切料时，应使用切刀的中、下部位，紧握钢筋对准刃口迅速投入，操作者应站在固定刀片一侧用力压住钢筋，应防止钢筋末端弹出伤人。严禁用两手分在刀片两边握住钢筋俯身送料。

（2）不得剪切直径及强度超过机械铭牌规定的钢筋和烧红的钢筋。一次切断多根钢筋时，其总截面积应在规定范围内。

（3）切断短料时，手和切刀之间的距离应保持在 150mm 以上，如手握端小于 400mm 时，应采用套管或夹具将钢筋短头压住或夹牢。

（4）运转中严禁用手直接清除切刀附近的断头和杂物。钢筋摆动周围和切刀周围，不得停留非操作人员。

### 二、钢筋弯曲机

（1）应按加工钢筋的直径和弯曲半径的要求，装好相应规格的芯轴和成型轴、挡铁轴。芯轴直径应为钢筋直径的 2.5 倍。挡铁轴应有轴套，挡铁轴的直径和强度不得小于被弯钢筋的直径和强度。

（2）作业时，应将钢筋需弯曲一端插入在转盘固定销的间隙内，另一端紧靠机身固定销，并用手压紧；应检查机身固定销并确认安放在挡住钢筋的一侧，方可开动。

（3）作业中，严禁更换轴芯、销子和变换角度以及调整，也不得进行清扫和加油。

（4）对超过机械铭牌规定直径的钢筋严禁进行弯曲。不直的钢筋，不得在弯曲机上弯曲。

（5）在弯曲钢筋的作业半径内和机身不设固定销的一侧严禁站人。

（6）转盘换向时，应待停稳后进行。

（7）作业后，应及时清除转盘及插入座孔内的铁锈、杂物等。

### 三、钢筋调直切断机

（1）应按调直钢筋的直径，选用适当的调直块及传动速度。调直块的孔径应比钢筋直径大 2～5mm，传动速度应根据钢筋直径选用，直径大的宜选用慢速，经调试合格，方可作业。

（2）在调直块未固定、防护罩未盖好前不得送料。作业中严禁打开各部防护罩并调整间隙。

（3）当钢筋送入后，手与轮应保持一定的距离，不得接近。

（4）送料前应将不直的钢筋端头切除。导向筒前应安装一根 1m 长的钢管，钢筋应穿过钢管再送入调直前端的导孔内。

### 四、钢筋冷拉机

（1）卷扬机的位置应使操作人员能见到全部的冷拉场地，卷扬机与冷拉中线的距离不得少于 5m。

（2）冷拉场地应在两端地锚外侧设置警戒区，并应安装防护栏及醒目的警示标志。严禁非作业人员在此停留。操作人员在作业时必须离开钢筋 2m 以外。

（3）卷扬机操作人员必须看到指挥人员发出的信号，并待所有的人员离开危险区后方可作业。冷拉应缓慢、均匀。当有停车信号或风到有人进入危险区时，应立即停拉，并稍稍放松卷扬机钢丝绳。

（4）夜间作业的照明设施，应装设在张拉危险区外。当需要装设在场地上空时，其高度就超过 5m。灯泡应加防护罩。

## 第八节 动力设备与焊接设备安全常识

### 一、交流电焊机

（1）外壳必须有保护接零，应有二次空载降压保护器和触电保护器。

（2）电源应使用自动开关，接线板应无损坏，有防护罩。一次线长度不超过 5m，二次线长度不得超过 30m。

（3）焊接现场 10m 范围内，不得有易燃、易爆物品。

（4）雨天不得室外作业。在潮湿地点焊接时，要站在胶板或其他绝缘材料上。

（5）移动电焊机时，应切断电源，不得用拖拉电缆的方法移动。当焊接中突然停电时，应立即切断电源。

## 二、气焊设备

（1）氧气瓶与乙炔瓶使用时间距不得小于 5m，存放时间距不得小于 3m，并且距高温、明火等不得小于 10m；达不到上述要求时，应采取隔离措施。

（2）乙炔瓶存放和使用必须立放，严禁倒放。

（3）在移动气瓶时，应使用专门的抬架或小推车；严禁氧气瓶与乙炔混合搬运；禁止直接使用钢丝绳、链条。

（4）开关气瓶应使用专用工具。

（5）严禁敲击、碰撞气瓶，作业人员工作时不得吸烟。

## 三、空气压缩机

（1）空气压缩机的内燃机和电动机的使用应符合内燃机和电动机的有关规定。

（2）空气压缩机作业区应保持清洁和干燥。贮气罐应放在通风良好处，距贮气罐 15m 以内不得进行焊接或热加工作业。

（3）空气压缩机的进、排气管较长时，应加以固定，管路不得有急弯；对较长管路应设伸缩变形装置。

（4）贮气罐和输气管路每三年应作水压试验一次，试验压力应为额定压力的 150%。压力表和安全阀应每年至少校验一次。

（5）输气胶管应保持畅通，不得扭曲，开启送气阀前，应将输气管道连接好，并通知现场有关人员后方可送气。在出气口前方，不得有人工作或站立。

（6）作业中，贮气罐内压力不得超过铭牌额定压力，安全阀应灵敏有效。进、排气阀、轴承及各部件应无异响或过热现象。

（7）每工作 2 小时，应将液气分离器、中间冷却器、后冷却器内的油水排放一次。贮气罐内的油水每天应排放 12 次。

（8）发现下列情况之一时应立即停机检查，找出原因并排除故障后方可继续作业：

1）漏水、漏气、漏电或冷却水突然中断；

2）压力表、温度表、电流表指示值超过规定；

3）排气压力突然升高，排气阀、安全阀失效；

4）机械有异响或电动机电刷发生强烈火花。

（9）运转中，在缺水而使气缸过热停机时，应待气缸自然降温至 60℃ 以下时，方可加水。

（10）当电动空气压缩机运转中突然停电时，应立即切断电源，等来电后重新在无载荷状态下起动。

（11）停机时，应先卸去载荷，然后分离主离合器，再停止内燃机或电动机的理转。

（12）停机后，应关闭冷却阀门，打开放气阀，放出各级冷却器和贮气罐内的油水和存气，方可离岗。

（13）在潮湿地区及隧道中施工时，对空气压缩机外露摩擦部位应定期加注润滑油，对电动机和电气设备应作好防潮保护工作。

# 第九节　土方机械安全操作规程

## 一、压路机

（1）在新开道路上进行碾压时，应从中间向两侧碾压，碾压不要太靠近路基边缘，以防塌方。

（2）上坡与下坡时，应事先选好挡位，禁止在坡上换挡与滑行。

（3）修筑山区道路时，必须由里侧压向外侧，碾压第二行时，需重叠半个轮以上的长度。

（4）禁止用牵引法强制发动内燃机，不要用压路机拖其他机械或物体。

（5）前后滚轮的刮泥板应经常检查与清理，保持刮泥板平整与良好。

（6）压路机滚轮如要填充黄沙增加重量时，应用干黄沙；在冬季不得用水增重，以防冻裂滚轮。

（7）如新填路基松软时，必须先用羊足碾或用打夯机逐层碾压夯实后才能用压路机碾压。

（8）两台以上压路机在平道上行驶或碾压时，其间距要保持在 3m 以上，坡道上禁止纵队行驶或溜坡以免发生事故。

（9）机械发生故障需检修时，必须将发动机熄火，用制动器制动并用三角木对称楔紧滚轮。

（10）使用胶轮压路机时，应注意保持轮胎的正常气压，并注意是否有石块夹在轮胎之间。

（11）压路机应在不影响交通处停放，停放在平坦地，不准停放在斜坡上。如必须在修坡上停放，须事先打好木桩，以防溜滑。冬季停车过夜必须用木板将滚轮垫离地面，防止与地面冻结在一起。

（12）振动压路机严禁在坚实道路上进行振动，以免造成机件损伤。

（13）振动压路机的起振或停振应在行驶中进行，以免损坏被压路面的平整。

## 二、平地机

（1）作业前必须将离合器、操纵杆、变速杆均放在空挡位置，检查并紧固各部连接螺栓及轮胎气压，检查油、水（电瓶水）应加足，全车线路各接头应牢固，液压系统油路、油缸、操纵阀等无泄漏、松脱现象，然后发动机器低速运转，各仪表均正常方可启动作业。

（2）机械起步前，应先将刮土铲刀或齿耙下降到接近地面，起步后方可切土。

（3）在陡坡上作业时应锁定铰接机架；在陡坡上往返作业时，铲刀应始终朝下坡方面伸出。

（4）平地机在行驶中，刮刀和耙齿离地面高度宜为 25～30cm，随着铲土阻力变化，应随时调整刮土铲刀的升降。

（5）平地机刮地铲刀的回转与铲土角的调整以及向机外倾斜都必须停机时进行，各类铲刮作业都应低速行驶，换挡应在停机时进行，遇到坚硬土质，需用齿耙翻松时，应缓慢下齿，不得使用齿耙翻松石渣路及坚硬路面。

（6）平地机转弯或调头时，应用最低速度。下坡时严禁空挡滑行，行驶时必须将刮刀和齿耙升到最高位置，并将刮土铲刀斜放，铲刀两端不得超出后轮外侧。在高速挡行驶中，禁止急转弯。

（7）作业后平地机应放在平坦、安全的地方，并应拉上手制动器，不得停放在坑洼积水处。

（8）按要求填写日常运转记录及加换油记录。

## 三、挖掘机

（1）作业前应进行检查，确认一切齐全完好，大臂和铲斗运动范围内无障碍物和其他人员，鸣笛示警后方可作业。

（2）挖掘机驾室内外露传动部分，必须安装防护罩。

（3）电动的单斗挖掘机必须接地良好，油压传动的臂杆的油路和油缸确认完好。

（4）正铲作业时，作业面应不超过本机性能规定的最大开挖高度和深度，在拉铲或反铲作业时，挖掘机履带或轮胎与作业面边缘距离不得小于 1.5m。

（5）挖掘机在平地上作业，应用制动器将履带（或轮胎）刹住、楔牢。

（6）挖掘机适用于在黏土、沙砾土、泥炭岩等土壤的铲挖作业，对爆破掘松后的重岩石内铲挖作业时，只允许用正铲，岩石料径应小于斗口宽的 1/2，禁止用挖掘机的任何部位去破碎石块、冻土等。

（7）取土、卸土不得有障碍物，在挖掘时任何人不得在铲斗作业回转半径范围内停留，装车作业时，应待运输车辆停稳后进行，铲斗应尽量放低，并不得砸撞车辆，严禁车厢内有人，严禁铲斗从汽车驾驶室顶上越过，卸土时铲斗应尽量放低，但不得撞击汽车任何部位。

（8）行走时臂杆应与履带平行，并制动回转机构，铲斗离地面宜为 1m。行走坡度不得超过机械允许最大坡度，下坡用慢速行驶，严禁空挡滑行。转弯不应过急，通过松软地时应进行铺垫加固。

（9）挖掘机回转制动时，应使用回转制动器，不得用转向离合器反转制动，满载时，禁止急剧回转猛刹车，作业时铲斗起落不得过猛，下落时不得冲击车架或履带及其他机件，不得放松提升钢丝绳。

（10）作业时，必须待机身停稳后再挖土，铲斗未离开作业面时，不得作回转行走等动作，机身回转或铲斗承载时不得起落吊臂。

（11）在崖边进行挖掘作业时，作业面不得留有伞沿及松动的大块石，发现有坍塌危险时应立即处理或将挖掘机撤离至安全地带。

（12）拉铲作业时，铲斗满载后不得继续吃土，不得超载。

（13）驾驶司机离开操作位置，不论时间长短，必须将铲斗落地并关闭发动机。

（14）不得用铲斗吊运物料。

（15）发现运转异常时应立即停机，排除故障后方可继续作业。

（16）轮胎式挖掘机在斜坡上移动时铲斗应向高坡一边。

（17）使用挖掘机拆除构筑物时，操作人员应分析构筑物倒塌方向，在挖掘机驾驶室与被拆除构筑物之间留有构筑物倒塌的空间。

（18）作业结束后，应将挖掘机开到安全地带，落下铲斗制动好回转机构，操纵杆放在空挡位置。

## 四、装载机

（1）作业前应检查发动机的油、水（包括电瓶水）应加足，各操纵杆放在空挡位置，液压管路及接头无松脱或渗漏，液压油箱油量充足，制动灵敏可靠，灯光仪表齐全、有效方可起动。

（2）机械起动必须先鸣笛，将铲斗提升离地面50cm左右，行驶中可用高速挡，但不得进行升降和翻转铲斗动作，作业时应使用低速挡，铲斗下方严禁有人，严禁用铲斗载人。

（3）装载机不得在倾斜的场地上作业，作业区内不得有障碍物及无关人员，装卸作业应在平整地面进行。

（4）向汽车内卸料时，严禁将铲斗从驾驶室顶上越过，铲斗不得碰撞车厢，严禁车厢内有人，不得用铲斗运物料。

（5）在沟槽边卸料时，必须设专人指挥，装载机前轮应与沟槽边缘保持不少于2m的安全距离，并放置挡木挡掩。

（6）装堆积的砂土时，铲斗宜用低速插入，将斗底置于地面，下降铲臂然后顺着地面，逐渐提高发动机转速向前推进。

（7）在松散不平的场地作业，应把铲臂放在浮动位置，使铲斗平稳的作业，如推进时阻力过大，可稍稍提升铲臂。

（8）将大臂升起进行维护、润滑时，必须将大臂支撑稳固，严禁利用铲斗作支撑提升底盘进行维修。

（9）下坡应采用低速挡行进，不得空挡滑行。

（10）涉水后应立即进行连续制动，排除制动片内的水分。

（11）作业后应将装载机开至安全地区，不得停在坑洼积水处，必须将铲斗平放在地面上，将手柄放在空挡位置，拉好手制动器，关闭门窗加锁后，司机方可离开。

## 五、推土机

（1）离合器接合应平稳，起步不得过猛、不要使离合器处于半结合状态下运转。

（2）推土机转向时，拉起转向杆应一拉到底，放回时迅速；在转急弯时，先拉方向拉杆再踩同侧刹车脚踏板，转向后，先放松刹车脚踏板再放松方向拉杆。

（3）禁止在未经平整或崎岖不平的路上高速行驶，禁止在快速行驶中急刹车和急转弯。

（4）上下坡道前，应先试验制动和转向操纵的可靠性，根据坡道情况，换用低速挡位，在坡道上换挡应将车停稳。

（5）下坡时应压低油门用发动机辅助制动，不准空档溜放，下坡运行必须注意：

1）转向操纵（不用刹车）应与平地相反，即向右转拉左边方向，向左转拉右边方向拉杆；

2）使用方向操纵杆和脚刹车踏板转向时，操作顺序与平地行驶时相同；

3）推土机下陡坡时，一般采用后退下行，以便观察前方情况，必要时可放下刀片帮助制动。

（6）推土机空车上、下坡运行时，最大坡度不得超过 30°；横着斜坡运行，机身倾侧不得超过 15°，禁止在陡坡上急转弯及掉头。

（7）摘卸推土刀片时，必须考虑下次挂装的方便，应选择平坦的地方，用木块垫起，卡销、螺丝等要与原安装位置对应，拧固防止丢失。

（8）下坡推土的工作坡度以 6～10° 为宜，最大不得超过 15°，否则后退爬坡困难。

（9）在陡坡、高坎上向下推溜土方时，不得将履带压到溜土的虚土坡面上，必须用刀送土的方法以土拥土，防止机械溜下陡坡。

（10）地面横坡较陡时，应先将推土机放置平稳后再向前切坡扒土扩展工作面，作业中应保持两侧履带基本水平并都在坚实的地面上。

（11）两台或两台以上推土机并排推土时，两推土刀之间应保持 20～30cm 间距，推土前进必须以相同速度直线行驶，后退时应分先后，防止互相碰撞。

（12）推土机横向取土填筑路堤时，上坡送土的坡道应保持 1∶6 左右，最大不能陡于 1∶3。

（13）推土机顶推铲运机作业时，应遵守下列规则：

1）进入助铲位置与顶推中，必须与铲运机保持同一直线行驶；

2）刀片提升高度要适当，避免触及轮胎；

3）顶推时应均匀用力，不得猛撞，防止将铲斗后轮胎顶离地面或使铲头吃土过深；

4）铲斗满载提升时，应减小推力，待铲斗提离地面后即减速脱离接触；

5）后退时，应先看清后方情况，如需绕过正后方驶来的铲运机倒向助铲位置时，一般应从来车的左侧绕行。

（14）推土机伐除直径 30cm 以上大树时，应按以下程序作业：

1）将大树周围树根用推土刀或松土齿切断；

2）在未切根的对面一侧树干旁，推填坡度为 1∶5 的土堆；

3）推土机停在土堆上抬起推土刀片将树推倒，要提高着力点，防止树身上部反方向推土机；

4）如树干高大、树冠枝叶茂盛，必须先将上部树枝截除一部分，使树冠重心移向被推倒的一侧，以策安全。

（15）推土机清除断垣残壁时，亦应在地面推筑土台，提高着力点，防止上部倒向推土机。

## 六、自卸车

（1）自卸汽车应保持顶升液压系统完好，工作平稳，操纵灵活，不得有卡阻现象。各节液压缸表面应保持清洁。

（2）非顶升作业时，应将顶升操纵杆放在空挡位置。顶升前，应拨出车厢固定销。作业后，应插入车厢固定销。

（3）配合挖装机械装料时，自卸汽车就位后应拉紧手制动器。在铲斗需越过驾驶室时，驾驶室内严禁有人。

（4）卸料前，车厢上方应无电线或障碍物，四周应无人员来往。在卸料时，应将车停稳，不得边卸边行驶。举升车厢时，应控制内燃机中速运转，当车厢升到顶点时，应降低内燃机转速，减少车厢振动。

（5）向坑洼地区卸料时，应保持安全距离，防止塌方翻车。严禁在斜坡侧向倾卸。

（6）卸料后，应及时使车厢复位方可起步，不得在倾斜情况下行驶。严禁在车厢内载人。

（7）车厢举升后需进行检修、润滑等作业时，应将车厢支撑牢靠后，方可进入车厢下面工作。

（8）装运混凝土或黏性物料后，应将车厢内外清洗干净，防止凝结在车厢上。

# 第十二章　施工现场常见标志标示

《建筑工程施工现场标志设置技术规程》JGJ 348—2014，自 2015 年 5 月 1 日起实施。其中，第 3.0.2 条为强制性条文，必须严格执行，具体如下。

施工现场安全标志的类型、数量应根据危险部位的性质，分别设置不同的安全标志。建筑工程施工现场的下列危险部位和场所应设置安全标志：

（1）通道口、楼梯口、电梯口和孔洞口；

（2）基坑和基槽外围、管沟和水池边沿；

（3）高差超过 1.5m 的临边部位；

（4）爆破、起重、拆除和其他各种危险作业场所；

（5）爆破物、易燃物、危险气体、危险液体和其他有毒有害危险品存放处；

（6）临时用电设施和施工现场其他可能导致人身伤害的危险部位或场所。

根据现行《建设工程安全生产管理条例》的规定，施工单位应当在施工现场入口处、施工起重机械、临时用电设施、脚手架、出入通道口、楼梯口、电梯井口、孔洞口、桥梁口、隧道口、基坑边沿、爆破物及有害危险气体和液体存放处等危险部位，设置明显的安全警示标志。

施工现场内的各种安全设施、设备、标志等，任何人不得擅自移动、拆除。因施工需要必须移动或拆除时，必须要经项目经理同意后并办理有关手续，方可实施。

安全标志是指在操作人中容易产生错误，有造成事故危险的场所，为了确保安全，所采取的一种标示。此标示由安全色，几何图形符合构成，是用以表达特定安全信息的特殊标示，设置安全标志的目的，是为了引起人们对不安全因素的注意，预防事故发生。

（1）禁止标志：是不准或制止人的某种行为（图形为黑色，禁止符号与文字底色为红色）。

（2）警告标志：是使人注意可能发生的危险（图形警告符号及字体为黑色，图形底色为黄色）。

（3）指令标志：是告诉人必须遵守的意思（图形为白色，指令标志底色均为蓝色）。

（4）提示标志：是向人提示目标的方向。

安全色是表达信息含义的颜色，用来表示禁止、警告、指令、指示等，其作用在于使人能迅速发现或分辨安全标志，提醒人员注意，预防事故发生。

（1）红色：表示禁止、停止、消防和危险的意思。

（2）蓝色：表示指令，必须遵守的规定。

（3）黄色：表示通行、安全和提供信息的意思。

专用标志是结合建筑工程施工现场特点，总结施工现场标志设置的共性所提炼的，专用标志的内容应简单、易懂、易识别；要让从事建筑工程施工的从业人员都准确无误的识别，所传达的信息独一无二，不能产生歧义。其设置的目的是引起人们对不安全因素的注意和规范施工现场标志的设置，达到施工现场安全文明。专用标志可分为名称标志、导向标志、制度类标志和标线 4 种类型。

多个安全标志在同一处设置时，应按禁止、警告、指令、提示类型的顺序，先左后右，先上后下地排列。出入施工现场遵守安全规定，认知标志，保障安全是实习阶段最应关注的事项。学员和教师均应注意学习施工现场安全管理规定、设备与自我防护知识、成品保护知识、临近作业交叉作业安全规定等；尤其是要了解和认知施工现场安全常识、现场标志，遵守管理规定。

常用标准如下：

(1)《安全色》GB 2893；

(2)《安全标志及其使用导则》GB 2894；

(3)《道路交通标志和标线》GB 5768；

(4)《消防安全标志》GB 13495；

(5)《消防安全标志设置要求》GB 15630；

(6)《消防应急照明和疏散指示标志》GB 17945；

(7)《建筑工程施工现场标志设置技术规程》JGJ 348；

(8)《建筑机械使用安全技术规程》JGJ 33；

(9)《施工现场机械设备检查技术规程》JGJ 160。

根据现行《建设工程安全生产管理条例》的规定，施工单位应当在施工现场入口处、施工起重机械、临时用电设施、脚手架、出入通道口、楼梯口、电梯井口、孔洞口、桥梁口、隧道口、基坑边沿、爆破物及有害危险气体和液体存放处等危险部位，设置明显的安全警示标志。安全警示标志必须符合国家标准。本条重点指出了通道口、预留洞口、楼梯口、电梯井口；基坑边沿、爆破物存放处、有害危险气体和液体存放处应设置安全标志，目的是强化在上述区域安全标志的设置。在施工过程中，当危险部位缺乏提供相应安全信息的安全标志时，极易出现安全事故。为降低施工过程中安全事故发生的概率，要求必须设置明显的安全标志。危险部位安全标志设置的规定，保证了施工现场安全生产活动的正常进行，也为安全检查等活动正常开展提供了依据。

## 第一节 禁 止 类 标 志

施工现场禁止标志的名称、图形符号、设置范围和地点的规定见表 12-1。

禁止标志 表 12-1

| 名称 | 图形符号 | 设置范围和地点 | 名称 | 图形符号 | 设置范围和地点 |
|---|---|---|---|---|---|
| 禁止通行 | | 封闭施工区域和有潜在危险的区域 | 禁止入内 | | 禁止非工作人员入内和易造成事故或对人员产生伤害的场所 |

| 名称 | 图形符号 | 设置范围和地点 | 名称 | 图形符号 | 设置范围和地点 |
|---|---|---|---|---|---|
| 禁止停留 | 禁止停留 | 存在对人体有危害因素的作业场所 | 禁止吊物下通行 | 禁止吊物下通行 | 有吊物或吊装操作的场所 |
| 禁止跨越 | 禁止跨越 | 施工沟槽等禁止跨越的场所 | 禁止攀登 | 禁止攀登 | 禁止攀登的桩机、变压器等危险场所 |
| 禁止跳下 | 禁止跳下 | 脚手架等禁止跳下的场所 | 禁止靠近 | 禁止靠近 | 禁止靠近的变压器等危险区域 |
| 禁止乘人 | 禁止乘人 | 禁止乘人的货物提升设备 | 禁止启闭 | 禁止启闭 | 禁止启闭的电器设备处 |
| 禁止踩踏 | 禁止踩踏 | 禁止踩踏的现浇混凝土等区域。 | 禁止合闸 | 禁止合闸 | 禁止电气设备及移动电源开关处 |

续表

| 名称 | 图形符号 | 设置范围和地点 | 名称 | 图形符号 | 设置范围和地点 |
|---|---|---|---|---|---|
| 禁止吸烟 | 禁止吸烟 | 禁止吸烟的木工加工场等场所 | 禁止转动 | 禁止转动 | 检修或专人操作的设备附近 |
| 禁止烟火 | 禁止烟火 | 禁止烟火的油罐、木工加工场等场所 | 禁止触摸 | 禁止触摸 | 禁止触摸的设备或物体附近 |
| 禁止放易燃物 | 禁止放易燃物 | 禁止放易燃物的场所 | 禁止戴手套 | 禁止戴手套 | 戴手套易造成手部伤害的作业地点 |
| 禁止用水灭火 | 禁止用水灭火 | 禁止用水灭火的发电机、配电房等场所 | 禁止堆放 | 禁止堆放 | 堆放物资影响安全的场所 |
| 禁止碰撞 | 禁止碰撞 | 易有燃气积聚，设备碰撞发生火花易发生危险的场所 | 禁止挖掘 | 禁止挖掘 | 地下设施等禁止挖掘的区域 |

续表

| 名称 | 图形符号 | 设置范围和地点 | 名称 | 图形符号 | 设置范围和地点 |
|---|---|---|---|---|---|
| 禁止挂重物 | 禁止挂重物 | 挂重物易发生危险的场所 | | | |

# 第二节 警告标志

施工现场警告标志的名称、图形符号、设置范围和地点的规定见表12-2。

警告标志 表12-2

| 名称 | 图形符号 | 设置范围和地点 | 名称 | 图形符号 | 设置范围和地点 |
|---|---|---|---|---|---|
| 注意安全 | 注意安全 | 禁止标志中易造成人员伤害的场所 | 当心触电 | 当心触电 | 有可能发生触电危险的场所 |
| 当心爆炸 | 当心爆炸 | 易发生爆炸危险的场所 | 注意避雷 | 避雷装置 注意避雷 | 易发生雷电电击区域 |
| 当心火灾 | 当心火灾 | 易发生火灾的危险场所 | 当心车辆 | 当心车辆 | 车、人混合行走的区域 |

| 名称 | 图形符号 | 设置范围和地点 | 名称 | 图形符号 | 设置范围和地点 |
|---|---|---|---|---|---|
| 当心坠落 | 当心坠落 | 易发生坠落事故的作业场所 | 当心滑倒 | 当心滑倒 | 易滑倒场所 |
| 当心碰头 | 当心碰头 | 易碰头的施工区域 | 当心坑洞 | 当心坑洞 | 有坑洞易造成伤害的作业场所 |
| 当心绊倒 | 当心绊倒 | 地面高低不平易绊倒的场所 | 当心塌方 | 当心塌方 | 有塌方危险区域 |
| 当心障碍物 | 当心障碍物 | 地面有障碍物并易造成人的伤害的场所 | 当心冒顶 | 当心冒顶 | 有冒顶危险的作业场所 |
| 当心跌落 | 当心跌落 | 建筑物边沿、基坑边沿等易跌落场所 | 当心吊物 | 当心吊物 | 有吊物作业的场所 |

续表

| 名称 | 图形符号 | 设置范围和地点 | 名称 | 图形符号 | 设置范围和地点 |
|---|---|---|---|---|---|
| 当心伤手 | | 易造成手部伤害的场所 | 当心噪声 | | 噪声较大易对人体造成伤害的场所 |
| 当心机器伤人 | | 易发生机械卷入、轧压、碾压、剪切等机械伤害的作业场所 | 注意通风 | | 通风不良的有限空间 |
| 当心扎脚 | | 易造成足部伤害的场所 | 当心飞溅 | | 有飞溅物质的场所 |
| 当心落物 | | 易发生落物危险的区域 | 当心自动启动 | | 配有自动启动装置的设备处 |

# 第三节 指 令 标 志

施工现场指令标志的名称、图形符号、设置范围和地点的规定见表12-3。

指令标志                                                          表 12-3

| 名称 | 图形符号 | 设置范围和地点 | 名称 | 图形符号 | 设置范围和地点 |
|------|----------|----------------|------|----------|----------------|
| 必须戴防毒面具 | 必须戴防毒面具 | 通风不良的有限空间 | 必须戴安全帽 | 必须戴安全帽 | 施工现场 |
| 必须戴防护面罩 | 必须戴防护面罩 | 有飞溅物质等对面部有伤害的场所 | 必须戴防护手套 | 必须戴防护手套 | 具有腐蚀、灼烫、触电、刺伤等易伤害手部的场所 |
| 必须戴防护耳罩 | 必须戴防护耳罩 | 噪声较大易对人体造成伤害的场所 | 必须穿防护鞋 | 必须穿防护鞋 | 具有腐蚀、灼烫、触电、刺伤、砸伤等易伤害脚部的场所 |
| 必须戴防护眼镜 | 必须戴防护眼镜 | 有强光等对眼睛有伤害的场所 | 必须系安全带 | 必须系安全带 | 高处作业的场所 |

| 名称 | 图形符号 | 设置范围和地点 | 名称 | 图形符号 | 设置范围和地点 |
|---|---|---|---|---|---|
| 必须消除静电 | | 有静电火花会导致灾害的场所 | 必须用防爆工具 | | 有静电火花会导致灾害的场所 |

# 第四节　提　示　标　志

施工现场提示标志的名称、图形符号、设置范围和地点应符合表12-4的规定。

提示标志　　　　　　　　　　　　　　　　　　表12-4

| 名称 | 图形符号 | 设置范围和地点 | 名称 | 图形符号 | 设置范围和地点 |
|---|---|---|---|---|---|
| 动火区域 | | 施工现场划定的可使用明火的场所 | 应急避难场所 | | 容纳危险区域内疏散人员的场所 |
| 避险处 | | 躲避危险的场所 | 紧急出口 | | 用于安全疏散的紧急出口处，与方向箭头结合设在通向紧急出口的通道处（一般应指示方向） |

# 第五节 导 向 标 志

施工现场导向标志的名称、图形符号、设置范围和地点的规定见表12-5。

导向标志

表 12-5

| 图形符号 | 名称 | 设置范围和地点 | 图形符号 | 名称 | 设置范围和地点 |
|---|---|---|---|---|---|
| ↑ | 直行 | 道路边 | P | 停车位 | 停车场前 |
| ↱ | 向右转弯 | 道路交叉口前 | ▽让 | 减速让行 | 道路交叉口前 |
| ↰ | 向左转弯 | 道路交叉口前 | ⊖ | 禁止驶入 | 禁止驶入路段入口处前 |
| ↙ | 靠左则道路行驶 | 需靠左行驶前 | ⊗ | 禁止停车 | 施工现场禁止停车区域 |
| ↘ | 靠右则道路行驶 | 需靠右行驶前 | 🔇 | 禁止鸣喇叭 | 施工现场禁止鸣喇叭区域 |
| → | 单行路（按箭头方向向左或向右） | 道路交叉口前 | 5 | 限制速度 | 施工现场入出口等需限速处 |
| ↑ | 单行路（直行） | 允许单行路前 | 3m | 限制宽度 | 道路宽度受限处 |

续表

| 图形符号 | 名称 | 设置范围和地点 | 图形符号 | 名称 | 设置范围和地点 |
|---|---|---|---|---|---|
| | 人行横道 | 人穿过道路前 | 3.5m | 限制高度 | 道路、门框等高度受限处 |
| 10t | 限制质量 | 道路、便桥等限制质量地点前 | 检查 | 停车检查 | 施工车辆出入口处 |

交通警告标志                                        表 12-6

| 图形符号 | 名　　称 | 设置范围和地点 |
|---|---|---|
| 慢 | 慢行 | 施工现场出入口、转弯处等 |
| | 向左急转弯 | 施工区域急向左转弯处 |
| | 向右急转弯 | 施工区域急向右转弯处 |
| | 上陡坡 | 施工区域陡坡处,如基坑施工处 |
| | 下陡坡 | 施工区域陡坡处,如基坑施工处 |
| | 注意行人 | 施工区域与生活区域交叉处 |

## 第六节 现场标线

施工现场标线的图形、名称、设置范围和地点的规定见表12-7和图12-1～图12-3。

标　　线　　　　　　　　　　　　　　　表 12-7

| 图　形 | 名　　称 | 设置范围和地点 |
|---|---|---|
|  | 禁止跨越标线 | 危险区域的地面 |
|  | 警告标线（斜线倾角为45°） | 易发生危险或可能存在危险的区域，设在固定设施或建（构）筑物上 |
|  | 警告标线（斜线倾角为45°） |  |
|  | 警告标线（斜线倾角为45°） |  |
|  | 警告标线 | 易发生危险或可能存在危险的区域，设在移动设施上 |
| 高压危险 | 禁示带 | 危险区域 |

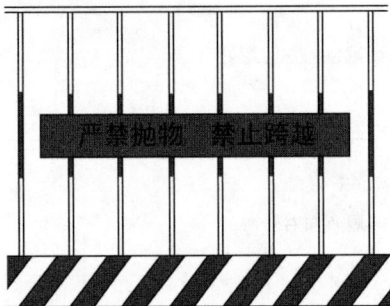
图 12-1　临边防护标线示意图
（标志附在地面和防护栏上）

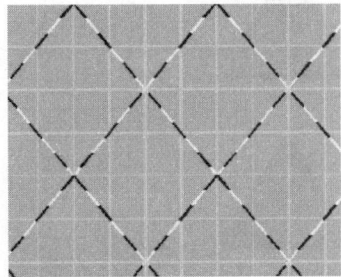
图 12-2　脚手架剪刀撑标线示意图
（标线附在剪刀撑上）

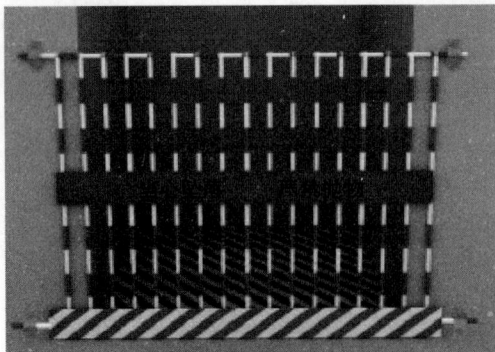
图 12-3　电梯井立面防护标线示意图（标线附在防护栏上）

# 第七节 制 度 标 志

施工现场制度标志的名称、设置范围和地点的规定见表12-8。

制度标志

表 12-8

| 序号 | | 名 称 | 设置范围和地点 |
|---|---|---|---|
| 1 | 管理制度标志 | 工程概况标志牌 | 施工现场大门入口处和相应办公场所 |
| | | 主要人员及联系电话标志牌 | |
| | | 安全生产制度标志牌 | |
| | | 环境保护制度标志牌 | |
| | | 文明施工制度标志牌 | |
| | | 消防保卫制度标志牌 | |
| | | 卫生防疫制度标志牌 | |
| | | 门卫管理制度标志牌 | |
| | | 安全管理目标标志牌 | |
| | | 施工现场平面图标志牌 | |
| | | 重大危险源识别标志牌 | |
| | | 材料、工具管理制度标志牌 | 仓库、堆场等处 |
| | | 施工现场组织机构标志牌 | 办公室、会议室等处 |
| | | 应急预案分工图标志牌 | |
| | | 施工现场责任表标志牌 | |
| | | 施工现场安全管理网络图标志牌 | |
| | | 生活区管理制度标志牌 | 生活区 |
| 2 | 操作规程标志 | 施工机械安全操作规程标志牌 | 施工机械附近 |
| | | 主要工种安全操作标志牌 | 各工种人员操作机械附件和工种人员办公室 |
| 3 | 岗位职责标志 | 各岗位人员职责标志牌 | 各岗位人员办公和操作场所 |

名称标志示例如图12-4所示。

图 12-4 名称标志示例

## 第八节　道路作业安全标志

高空作业车在道路上进行施工时，应根据道路交通的实际需求设置施工标志、路栏、锥形交通路标等安全设施，夜间应有反光或施工警告灯号，人行道上临时移动施工应使用临时护栏。应根据限行、交通状况、交通管理要求、环境及气候特征等情况，设置不同的标志。常用的安全标志表 12-9 已经列出，具体设置方法请参照《道路交通标志和标线》GB 5768 的有关规定执行。

道路施工常用安全标志　　　　　　　　　　　　　　　　　表 12-9

| 指示标志图形符号 | 名称 | 设置范围和地点 | 指示标志图形符号 | 名称 | 设置范围和地点 |
|---|---|---|---|---|---|
| 前方施工 1km / 前方施工 300m | 前方施工 | 道路边 | 道路封闭 300m / 道路封闭 | 道路封闭 | 道路边 |
| 右道封闭 300m / 右道封闭 | 右道封闭 | 道路边 | 左道封闭 300m / 左道封闭 | 左道封闭 | 道路边 |
| 中间封闭 300m / 中间封闭 | 中间封闭 | 道路边 |  | 施工路栏 | 路面上 |
| 向左行驶 | 向左行驶 | 路面上 |  | 向右行驶 | 路面上 |

| 指示标志<br>图形符号 | 名 称 | 设置范围<br>和地点 | 指示标志<br>图形符号 | 名 称 | 设置范围<br>和地点 |
|---|---|---|---|---|---|
| | 向左改道 | 道路边 | | 向右改道 | 道路边 |
| | 锥形<br>交通标 | 路面上 | | 道口标柱 | 路面上 |
| | | | | 移动性施工标志 | 路面上 |

# 主 要 参 考 文 献

[1] 中华人民共和国建筑法.
[2] 中华人民共和国安全生产法.
[3] 建筑工程安全监督管理条例.
[4] 中华人民共和国劳动法.
[5] 中华人民共和国劳动合同法.
[6] 中华人民共和国特种设备安全法.
[7] 特种设备监督条例.
[8] 劳动保障法实施细则.
[9] 生产安全事故报告和调查处理条例.
[10] 生产经营单位安全培训规定.
[11] 建筑业企业资质管理规定.
[12] 建筑施工企业安全生产许可证管理规定.
[13] 职工带薪年休假条例.
[14] 建筑起重机械备案登记办法.
[15] 建筑施工特种作业人员管理规定.
[16] 关于建筑施工特种作业人员考核工作的实施意见.
[17] 建筑施工安全统一技术规范.
[18] 建筑施工安全检查标准.
[19] 建筑施工临时用电安全技术规范.
[20] 建筑施工高处作业安全技术规范.
[21] 建筑施工企业安全生产评价标准.
[22] 建筑机械使用安全技术规程.
[23] 施工现场机械设备检查技术规程.